지식공간론 입문

공주대학교 과학교육연구소

도서출판 보 성

머리말

우리는 동일한 범주 안에 산재된 여러 정보를 수집하여, 이들을 분석하고 통합함으로써 새로운 전역 정보를 얻으려 하는 경우가 자주 있다. 예를 들어 고분의 발굴에서는 각 유물에 대한 정보로부터 그 시대의 생활상과 정치상황 등을 유추하려 한다. 또한, 형사사건을 담당하고 있는 경찰 수사관이라면 여러 가지의 증거와 정황을 분석하여 사건 상황을 추론하려 한다. 이와 같이 단편적인 여러 정보로부터 범주 전체에 관한 정보를 발견하는 기법은 우리의 일상과 학문연구에 매우 중요하게 사용된다.

이러한 정보를 얻는 기법은 정보를 생성하는 범주에 따라 일반적으로 다르다고 할 수 있다. 위의 예에서와 같이 역사적 유물로 과거상황에 대한 정보를 얻고, 수사관이 사건 증거로부터 사건 상황에 관한 정보를 얻는 방법은 서로 다르다. 그러므로 이러한 추론 방법은 범주에 따라 다르기 때문에 대상의 특성을 잘 고려하여 추론 방법을 연구하여야 할 것이다.

교과교육에서 평가의 주된 목적은 학습자의 학습정도를 알기 위함이다. 대부분의 교육평가에 있어서 평가 실시 후, 평가문항의 정답 분포는 학습자 개개인의 학습정도에 관한 정보뿐만 아니라 평가가 충분히 많은 학생에 대해서 충실하게 수행되었다면 각 평가문항에 대한 교과내용의 정보도 포함되어 있다고 볼 수 있다. 그러므로 다수의 학생에 대한 평가 결과를 분석함으로써 학습내용의 위계, 지식의 상사성 등을 알 수 있다. 이와 같이 학습자 개인의 정답 문항에서 얻어지는 단편적인 정보들로부터 평가에 관련되는 지식 전체에 대한 정보를 추론하는 이론을 지식공간론(knowledge space theory)이라 한다.

이 책의 목적은 지식공간론의 기초이론을 소개하는 것으로 주된 내용과 흐름은 「Jean-Paul Doignon & Jean Claude Falmagne, Knowledge Spaces, Springer-Verlag, 1999」을 따랐으며, 매끄러운 논리 전개와 구체적 해설을 위해 몇 가지의 새로운 정리와 예제를 첨가하였다.

이 이론이 한글로는 국내에 처음 소개되는 관계로 용어의 번역에 많은 애로가 있었다. 또한, 다소나마 지식공간론의 활용 가능성을 소개하려고 노력하였으나 미비한 점이 많으리라 생각된다. 이러한 점들에 대해서 독자 여러분의 이해와 충고를 바라마지 않으며, 끝으로 이 책의 출판을 독려해 주시고, 내용 구성에 아낌없는 조언을 해 주신 공주대학교 사범대학 과학교육연구소 소장님 이하 모든 구성원 여러분에게 심심한 감사를 드린다.

2002년 9월
저자 일동

차 례

제1장 예비지식 ·· 1
 1. 집합 ·· 1
 2. 함수 ·· 4
 3. 관계 ·· 6
 4. 집합의 농도 ·· 10
 5. 수학적 귀납법 ·· 11
 6. 개집합 ·· 13
 7. 벡터공간 ·· 14

제2장 지식공간 ·· 17
 1. 기본사항 ·· 17
 2. 지식공간 ·· 23
 3. 기저 ·· 30
 4. 추론관계 ·· 41

제3장 구현 알고리즘 ·· 49
 1. 집합의 기본연산 ·· 49
 2. 기저 발견 알고리즘 ·· 51
 3. 지식공간 구성 알고리즘 ·· 54

제4장 학습과정 ·· 61
1. 경로 ·· 61
2. 경계 ·· 72
3. 이중순서 ·· 85
4. 학습 가능성 ·· 97

제5장 학습경로의 탐색 ·· 103
1. 추론함수 ·· 103
2. 학습경로 그래프 ·· 111

제6장 함의와 메쉬 ·· 119
1. 함의 ·· 119
2. 메쉬 ·· 126

찾아보기 ·· 147

제 1 장 예비지식

 지식공간은 하나의 수학적 모형이므로 수학적 개념과 용어를 사용하여 이 이론을 전개한다. 그러므로 본 장에서는 지식공간론의 이해에 필요한 수학적 내용을 준비하였다. 그 구체적 내용은 집합, 함수, 관계, 집합의 농도, 수학적 귀납법, 개집합, 벡터공간이다. 이러한 내용에 익숙한 독자는 본 장을 통과하여도 무방하다.

1. 집합

 우리가 어떤 모임을 생각할 때, "간단한 분수의 모임"과 같이 범위가 확실하지 않은 경우도 있지만, "자연수의 모임"과 같이 어떤 대상이 그 모임에 속하는가의 여부가 분명한 것도 있다. 이 경우 후자와 같은 모임을 **집합**이라고 한다.

 집합을 이루는 각 개체를 그 집합의 **원소** 또는 **원**이라고 한다. 또한, "a가 집합 M의 원소이다"는 의미로 기호

$$a \in M \text{ 또는 } M \ni a$$

를 사용하며, 이것의 부정, 즉 "a가 집합 M의 원소가 아니다"는 의미로 기호

$$a \notin M \text{ 또는 } M \not\ni a$$

를 사용한다.

 집합 M이 $a, b, c, \cdots$ 등으로 구성되어 있을 때

$$M = \{a, b, c, \cdots\}$$

로 표시한다. 또한, $A=\{-4, -3, -2, -1, 0, 1, 2, 3, 4\}$는 -5보다 크고 5보다 작은 정수의 집합을 표시한 것이다. 이 집합을

$$A=\{x \mid x:\text{정수}, -5 < x < 5\}$$

로도 표현한다.

두 집합 A, B에 대하여 A의 원소 모두가 B에 속할 때 A는 B의 **부분집합**이라고 하며,

$$A \subseteq B \text{ 또는 } B \supseteq A$$

로 표시한다. $A \subseteq B$이면서 동시에 $B \subseteq A$를 만족할 때 $A = B$로 표시한다. 또한, $A \subseteq B$이지만 $A \neq B$이면

$$A \subset B \text{ 또는 } B \supset A$$

로 표시한다. 이 때, A를 집합 B의 **진부분집합**이라 한다.

두 집합 A, B에 대해서 A와 B에 공통으로 속하는 원소의 집합을 C, A 또는 B에 속하는 원소의 집합을 D라 할 때, C를 A와 B의 **교집합**, D를 A와 B의 **합집합**이라고 하며, 각각

$$C = A \cap B, \quad D = A \cup B$$

로 표시한다.

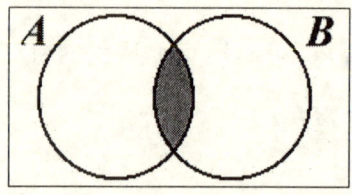 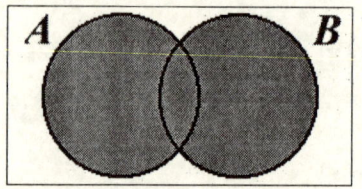

[그림 1-1] 교집합 $A \cap B$ [그림 1-2] 합집합 $A \cup B$

일반적으로 많은 개수의 집합

$$A_1,\ A_2,\ A_3,\ \cdots\ (\text{유한개 또는 무한개})$$

에 대하여, 모든 집합 A_i에 공통으로 속하는 원소의 집합을 이들 집합들의 교집합이라 하고, 적어도 어느 한 집합 A_i에 속하는 원소의 집합을 이들 집합의 합집합이라고 한다. 이들 집합의 교집합과 합집합을 각각

$$\bigcap_{i=1}^{n} A_i \text{ 또는 } \bigcup_{i=1}^{n} A_i,\quad \bigcap_{i=1}^{\infty} A_i \text{ 또는 } \bigcup_{i=1}^{\infty} A_i$$

로 표기한다.

【예제1.1】 (1) $A=(0,3],\ B=[2,4)$일 때, $A\cap B=[2,3],\ A\cup B=(0,4)$

(2) $A_i=(0,\ i),\ i=1,2,\cdots,n$일 때, $\bigcap_{i=1}^{n} A_i=(0,1),\ \bigcup_{i=1}^{n} A_i=(0,\ n)$

(3) $A_i=\left[\dfrac{1}{i},\ 1+\dfrac{1}{i}\right],\ i=1,2,\cdots$일 때, $\bigcap_{i=1}^{\infty} A_i=\{1\},\ \bigcup_{i=1}^{\infty} A_i=(0,2]$

두 집합 A, B에 대해서 **차집합** $A-B$는

$$A-B=\{x\,|\,x\in A \text{ 그리고 } x\notin B\}$$

로 정의하고, **곱집합** $A\times B$는

$$A\times B=\{(x,\ y)\,|\,x\in A \text{ 그리고 } y\in B\}$$

로 정의한다.

두 집합 A, B에 공통인 원소가 없을 경우, $A\cap B$는 아무 것도 포함하지 않는다. 이러한 모임도 편의상 집합으로 취급하며 **공집합**이라고 부른다. 기호로 ϕ 또는 $\{\ \}$를 사용한다.

어떤 집합 A에 대해서 A의 부분집합 전체의 집합은 역시 하나의 집합이며, 이것을 2^A로 표시하고 A의 **멱집합**이라 부른다. 그리고 원소의 개수가 n인 집

합 A에 대해 멱집합 2^A의 원소의 개수는 2^n이다.

2. 함수

두 집합 A, B에 대해, A의 각 원소에 대해서 B의 원소가 단 하나 대응될 때 이러한 대응을 A에서 B로의 **함수**(function)라 하며, 기호로 $f: A \to B$로 표시한다. 이 때, 집합 A를 **정의역** 또는 **정의구역**(domain)이라 하며, 집합 B를 **공변역**(codomain)이라 한다. A의 원소 a에 대응하는 B의 원소를 $f(a)$로 표시하고, 이것을 a의 **상**(image)이라 하며, 한편 a를 $f(a)$의 **역상**(preimage)이라 한다. 또한 공변역의 부분집합 $\{f(a) \in B \mid a \in A\}$를 함수 f의 **치역**(range)이라 한다.

【예제1.2】 실수의 집합 $\mathbb{R}$의 원소 x에 대해서 $\mathbb{R}$의 원소 x^2을 대응시키는 것은 $\mathbb{R}$에서 $\mathbb{R}$으로의 함수이다. 이 함수를 f라 하면, f의 정의역은 $\mathbb{R}$이고, 공변역도 $\mathbb{R}$이다. 또한, f의 치역은 $\{x \in \mathbb{R} \mid x \geq 0\}$이다. 함수 f에 대해서 2의 상은 4이며, 4의 역상은 2 또는 -2이다.

정의1.1 함수 $f: A \to B$에 대해서 "$f(a_1) = f(a_2)$이면 $a_1 = a_2$이다"를 만족하면 함수 f를 **단사**(injective)라 한다. 또한, "B의 모든 원소 b에 대해서 $f(a) = b$를 만족하는 A의 원소 a가 존재한다"를 만족하면 함수 f를 **전사**(surjective)라 한다. 함수 f가 단사이고 전사이면 함수 f를 **전단사**(bijective)라 한다. 함수 f가 전단사일 경우, 함수 f를 A와 B사이의 **일대일 대응**(one to one corresponding)이라 한다.

【예제1.3】 실수의 집합 $\mathbb{R}$과 양의 실수의 집합 $\mathbb{R}^+$에 대해서, 함수 $f: \mathbb{R}^+ \to \mathbb{R}$는 대응규칙 $f(x) = 1/x$로 표현된다고 하면 함수 f는 단사이다. 즉, $f(x_1) = f(x_2)$라 하면 $1/x_1 = 1/x_2$이므로 $x_1 = x_2$이다. 또한, 함수 $g: \mathbb{R} \to \mathbb{R}^+, g(x) = x^2$는 전사이다. 이것을 확인하기 위해서 임의의 양수 y에 대해 $x^2 = y$를 만족하는 실수 x의 존재를 확인하면 된다. $x = \sqrt{y}$라 하면 $g(x) = y$가 성립한다. 함수 $h(x) = x^3$은 $\mathbb{R}$에서 $\mathbb{R}$으로의 전단사이다([그림 1-3]).

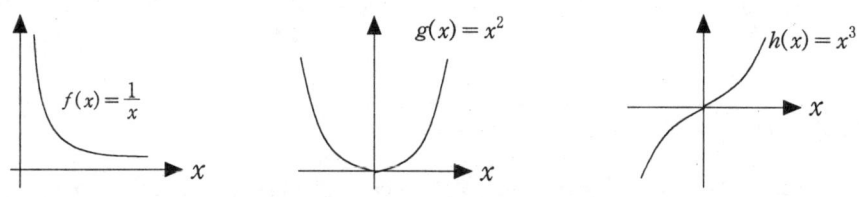

[그림 1-3] 단사, 전사, 전단사 함수의 예

정의1.2 함수 $f: A \to B$와 함수 $g: B \to C$에 대해서 다음과 같이 정의되는 함수 $g \circ f$를 f와 g의 **합성함수**(composite function)라 한다.
$$g \circ f: A \to C, \quad (g \circ f)(x) = g(f(x))$$

【예제1.4】 실수 $\mathbb{R}$에서 $\mathbb{R}$로의 두 함수 $f(x) = x^2$과 $g(x) = 2x + 1$에 대해서 $(g \circ f)(x) = 2x^2 + 1$이다.

정의1.3 함수 $f: A \to B$와 함수 $g: B \to A$에 대해서 $g \circ f = I_A$, $f \circ g = I_B$가 성립하면 함수 g를 함수 f의 **역함수**(inverse function)라 하며, 기호로 f^{-1}로 표시한다. 여기서 함수 I_A와 I_B는 각각 A에서 A로의, 그리고 B에서 B로의 **항등함수**이다. 즉, $I_A(x) = x$, $I_B(y) = y$로 표현되는 함수이다.

【예제1.5】 양수의 집합 $\mathbb{R}^+$에서 $\mathbb{R}^+$로의 함수 $f(x)=x^2$과 $g(x)=\sqrt{x}$는 서로 역함수의 관계이다.

3. 관계

집합 X에 대해서 $X \times X$의 부분집합 R을 X에서의 **관계**(relation)라 한다. (x,y)가 관계 R의 원소일 때 보통 $(x,y) \in R$로 표현하지만 xRy로도 표현한다.

정의1.4 R을 X에서의 관계라 할 때,

(1) R은 **반사적**(reflexive)이다 $\Leftrightarrow$ 모든 $x \in X$에 대해서 $(x,x) \in R$이다.

(2) R은 **대칭적**(symmetric)이다 $\Leftrightarrow$ $(x,y) \in R$이면 $(y,x) \in R$이다.

(3) R은 **반대칭적**(anti-symmetric)이다 $\Leftrightarrow$ $(x,y) \in R$이고 $(y,x) \in R$이면 $x=y$이다.

(4) R은 **추이적**(transitive)이다 $\Leftrightarrow$ $(x,y) \in R$이고 $(y,z) \in R$이면 $(x,z) \in R$이다.

위의 정의에서 (1)과 (4)를 만족하면 관계 R은 **준순서 관계**(quasi order relation)라 한다. (1), (3), (4)를 만족하면 관계 R은 **순서 관계**(order relation)라 한다. (1), (2), (4)를 만족하면 관계 R은 **동치 관계**(equivalent relation)라 한다. 관계 R이 순서관계일 때, (X, R)을 **부분순서집합**(partially ordered set)이라 한다.

【예제1.6】 $X=\{a, b, c, d\}$에 대해서

$$R_1 = \{(a,a),(b,b),(c,c),(d,d),(a,b),(b,a)\}$$

라 하면 관계 R_1은 반사적이고 추이적이다. 그러므로 R_1은 준순서 관계이다. 특히 관계 R_1은 대칭적이지만 반대칭적이 아니다.

X에서의 또 다른 관계

$$R_2 = \{(a,a),(b,b),(c,c),(d,d),(a,b),(a,d),(b,d),(a,c),(c,d)\}$$

를 생각하자. 이 때, 관계 R_2는 반사적이며 추이적이다. 또한, X의 서로 다른 두 원소 x, y에 대해서 $(x,y) \in R_2$이면 $(y,x) \notin R_2$이다. 그러므로 R_2는 반대칭적이며, 따라서 R_2는 순서 관계이다.

【예제1.7】 자연수의 집합 N에 대해서

$$R = \{(m,n) \in N \times N \mid m-n = 5q, \ q: 정수\}$$

라 하자. 즉, 자연수 m, n을 5로 나눌 때 같은 나머지를 갖는 경우 R의 원소 (m,n)으로 정의한다. 이 때, R은 N에서의 동치 관계임을 쉽게 확인할 수 있다.

[예제1.7]을 이용하여 동치 관계와 관련하는 사항을 좀더 설명하자. 자연수를 5로 나눌 때, 나머지는 0, 1, 2, 3, 4이다. 나머지가 i ($i=0,1,2,3,4$)인 자연수의 집합을 N_i라 하면

$$N_0 = \{5, 10, 15, \cdots\}$$
$$N_1 = \{1, 6, 11, \cdots\}$$
$$N_2 = \{2, 7, 12, \cdots\}$$
$$N_3 = \{3, 8, 13, \cdots\}$$
$$N_4 = \{4, 9, 14, \cdots\}$$

이다. 그러므로 $N = \bigcup_{i=0}^{4} N_i$ 이고, $i \neq j$ 라면 $N_i \cap N_j = \phi$ 이다. 즉, N에서의 동치 관계 R이 N을 서로 중첩됨이 없이 다섯 부분으로 나눈다. 이러한 성질의 본질은 관계 R가 동치관계이므로 가능하다.

$N_0, N_1, \cdots, N_4$를 동치 관계 R로부터 얻어진 N의 **분할**(partition)이라 하고, 각 N_i를 **동치류**(equivalent class)라 한다. 보다 일반적으로 집합 X에서의 동치관계 R은 X의 어떤 분할을 주며, 역으로 X에서의 분할은 X에서의 어떤 동치관계를 제공한다.

정의1.5 부분순서집합 (X, R)의 부분집합 A에 대해서, A의 임의의 원소 x, y에 대해 $(x, y) \in R$ 또는 $(y, x) \in R$을 만족하면 집합 A를 **연쇄**(chain)라 한다.

【예제1.8】 $X = \{a, b, c\}$에 대해서 관계 $R = \{(\alpha, \beta) \in 2^X \times 2^X \mid \alpha \subseteq \beta\}$을 생각하자. 그러면 $(2^X, R)$은 부분순서집합이다. 그리고 $Y = \{\phi, \{a\}, \{a, b\}, X\}$는 부분순서집합 $(2^X, R)$의 연쇄이다.

R_1, R_2가 X에서의 관계일 때

$$R_1 R_2 = \{(x, z) \in X \times X \mid (x, y) \in R_1, (y, z) \in R_2 를 만족하는 y \in X 가 존재\}$$

라 정의하고, 또한 $R^2 = RR$, $R^3 = R^2 R$, $\cdots$, $R^n = R^{n-1} R$로 정의하자. 특별히,

$$R^0 = \{(x, x) \in X \times X \mid x \in X\}$$

라 정의하자.

정의1.6 유한인 부분순서집합 (X, R)에 대해서 X에서의 관계 H를 다음과 같이 정의하자.
$$H = \{(x, y) \in R \mid x \neq y,\ (x, t) \in R \text{이고 } (t, y) \in R \text{이면 } x = t \text{ 또는 } y = t \text{이다}\}$$
이 때, X에서의 관계 H를 부분순서집합 (X, R)의 **핫세 다이어그램**(Hasse diagram)이라 한다.

핫세 다이어그램 H는 순서 관계 R을 축약한 관계이다. 그러므로 관계 H로부터 순서 관계 R을 생성할 수 있다. 관계 H은 반사적이 아니며, 일반적으로 추이적도 아니다. 실제, 관계 H로부터 순서 관계 R은 다음 방법으로 구성된다.
$$R = \bigcup_{n=0}^{\infty} H^n$$

【예제1.9】 [예제1.6]에서 정의한 부분순서집합 (X, R_2)에 대한 핫세 다이어그램 H는 다음과 같다.
$$H = \{(a, b), (a, c), (b, d), (c, d)\}$$
순서 관계 R_2와 비교하면 관계 H는 인접한 관계만을 골라 놓은 것으로 볼 수 있다. 그러므로 순서 관계를 도식화하는 데에 편리하다([그림 1-4]).

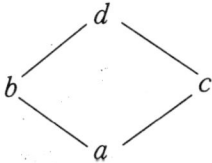

[그림 1-4] 핫세 다이어그램

정리1.7 (**하우스도르프 최대정리**: Hausdorff maximality theorem)
공집합이 아닌 부분순서집합 (X, R)은 최대 연쇄 M을 갖는다. 여기서 최대의 의미는 "$M \subset P \subseteq X$를 만족하는 연쇄 P는 존재하지 않는다"이다.

위 정리는 선택공리(axiom of choice)로부터 증명이 가능하다. 그러나 증명은 보다 많은 준비가 필요하므로 증명 없이 위 정리를 사용할 것이다. 실제, 하우스도르프 최대정리와 선택공리는 서로 동치이다.

4. 집합의 농도

유한 집합 X의 원소의 개수를 $\#(X)$로 표시하며, 이것으로 집합의 크기를 나타낸다. 같은 크기의 두 유한집합 X, Y에 대해서 X에서 Y로의 전단사 함수의 존재는 자명하다. 그러므로 두 유한집합의 크기가 같다는 의미로 "X에서 Y로의 전단사 함수가 존재한다"는 정의를 채택하는 것은 타당하다. 또한, $\#(X) \leq \#(Y)$일 경우는 "X에서 Y로의 단사 함수가 존재한다"로, $\#(X) \geq \#(Y)$의 경우는 "X에서 Y로의 전사 함수가 존재한다"로 정의하면 우리의 경험과 일치한다.

보다 일반적으로 무한집합일 경우도 포함하여 두 집합의 대소 관계를 다음과 같이 정의한다.

정의 1.8 집합 X, Y에 대해서

(1) X에서 Y로의 단사 함수 $f: X \to Y$가 존재한다 $\Leftrightarrow$ $\#(X) \leq \#(Y)$

(2) X에서 Y로의 전사 함수 $f: X \to Y$가 존재한다 $\Leftrightarrow$ $\#(X) \geq \#(Y)$

(3) X에서 Y로의 전단사 함수 $f: X \to Y$가 존재한다 $\Leftrightarrow$ $\#(X) = \#(Y)$

특히, 자연수의 집합 N에 대해서 $\#(X) \leq \#(N)$을 만족하면 집합 X는 **가산**(countable)이라 한다.

【예제1.10】 모든 유한집합은 가산집합이다. 또한 정수의 집합 Z도 가산집합이다. 이것을 보이기 위해서 함수 $f: Z \to N$을 다음과 같이 정의하자. Z의 원소를
$$0, 1, -1, 2, -2, 3, -3, \cdots$$
과 같이 나열하면, 모든 정수는 위의 수열에 포함된다. 정수 n에 대해서
$$f(n) = \text{위 수열에서 } n \text{이 위치하는 항수}$$
로 정의하자. 즉, $f(0)=1, f(1)=2, f(-1)=3, \cdots$과 같이 정의하자. 그러면 함수 f는 단사이다. 더욱이 함수 f는 전단사 함수이다. 그러므로 정수의 집합 Z는 가산집합이다.

5. 수학적 귀납법

자연수 n을 변수로 갖는 명제의 증명에 유용한 수학적 귀납법을 소개하자.

정리1.9 자연수의 집합 N의 부분집합 S가 $1 \in S$를 만족한다고 하자. 이 때, 다음 (1) 또는 (2)를 만족하면 $N = S$이다.

(1) 모든 $n \in N$에 대해서, $n \in S$이면 $n+1 \in S$를 만족한다.

(2) 모든 $n \in N$에 대해서, $1 \leq m < n$을 만족하는 모든 자연수 m이 $m \in S$이면 $n \in S$이다.

[증명] 만일 $N - S \neq \phi$라고 가정하자. 그러면 집합 $N - S$의 최소값이 존재하며, 이것을 n이라 놓자. 명백히, $n \neq 1$이며 $n \notin S$다. 만일 자연수 m이 $m < n$을 만족하면 n이 집합 $N - S$의 최소 원소이므로 $m \notin N - S$이다. 그러므로 $m \in S$를 만족한다.

이러한 사실을 각 경우에 적용한다. (1)의 성립을 가정하자. 그러면 $n - 1 < n$

이므로 $n-1 \in S$이다. 그러므로 $n \in S$이어서 모순이다. (2)의 성립을 가정하면 $n \in S$이어야 하므로 역시 모순이 발생한다. 따라서 $N=S$이다. □

【예제1.11】 모든 자연수 n에 대해서
$$1+2+3+\cdots+n = \frac{n(n+1)}{2}$$
가 성립함을 보이자. 이것을 보이기 위해서 집합
$$S = \left\{ n \in N \,\middle|\, 1+2+3+\cdots+n = \frac{n(n+1)}{2} \right\}$$
라 하면 $1 \in S$이다. 만일 임의의 자연수 n에 대해서 $n \in S$라 하면
$$1+2+3+\cdots+n+(n+1) = \frac{n(n+1)}{2} + (n+1)$$
$$= \frac{(n+1)(n+2)}{2}$$
이므로 $n+1 \in S$이다. 그러므로 [정리 1.9]에 의해서 $N=S$이다. 즉, 모든 자연수 n에 대해서 다음 관계식이 성립한다.
$$1+2+3+\cdots+n = \frac{n(n+1)}{2}$$

자연수 n에 관한 명제 $p(n)$가 모든 자연수 n에 대해서 참인 것을 보이기 위해서는 다음의 두 방법 중 한 방법을 택하면 된다.
(1) $p(1)$은 참이다. 그리고 $p(n)$가 참이라 가정하면 $p(n+1)$도 참이다.
(2) $p(1)$은 참이다. 그리고 $k<n$인 모든 자연수 k에 대해서 $p(k)$가 참이라 가정하면 $p(n)$도 참이다.

6. 개집합

 지식공간론에 관련하는 몇 가지의 예제를 설명하기 위해서 실수 $\mathbb{R}$에 대한 위상적 성질을 사용할 것이다. 위상이라 함은 두 원소간의 거리 개념을 일반화한 것으로 원소들간의 근접도를 묘사하는 수학적 구조이다. 거리란 정량화된 하나의 양이다. 그러나 모든 집합에서 원소들간의 근접도를 정량화할 수 있는 것은 아니다. 예를 들어, 어떤 학급에서 학생들간의 친한 정도를 근접도로 보고 이것을 정량화하는 것은 어려운 문제이고, 혹시 정량화가 가능할지라도 타당성의 문제가 발생할 수 있다. 그러므로 이러한 근접도를 집합(친한 정도를 바탕으로 집합을 구성)으로 표시하는 방법이 도입되었으며, 이러한 집합의 모임을 위상적 구조라 한다.

정의1.10 실수 $\mathbb{R}$의 부분집합 O에 대해서 "O의 임의의 원소 x에 대해서 $(x-\delta, x+\delta) \subseteq O$를 만족하는 양수 δ가 존재한다"를 만족할 때, 집합 O를 $\mathbb{R}$의 **개집합**(open set)이라 한다.

【예제1.12】 실수 x가 개구간 (a, b)의 원소라면 $a < x < b$를 만족하며, $\delta = \min\{x-a, b-x\}$라 놓으면 명백히 $\delta > 0$이고 $(x-\delta, x+\delta) \subseteq (a, b)$이다. 그러므로 모든 개구간은 $\mathbb{R}$의 개집합이다. 단, 실수 α, β에 대해서

$$\min\{\alpha, \beta\} = \begin{cases} \alpha, & \alpha \leq \beta \\ \beta, & \alpha > \beta \end{cases}$$

로 정의한다.

【예제1.13】 $\mathcal{T} = \{O \subseteq \mathbb{R} \mid O: \text{개집합}\}$라 하면 $\phi \in \mathcal{T}$, $\mathbb{R} \in \mathcal{T}$를 만족한다. 또한, $\mathcal{T}$에 속하는 임의개의 원소의 합집합은 역시 $\mathcal{T}$의 원소가 된다. O_α들을 $\mathcal{T}$의 원소들이라 하자. 만일 $x \in \bigcup_\alpha O_\alpha$라 하면, 어떤 α에 대해서 $x \in O_\alpha$이다.

$O_α ∈ \mathcal{J}$ 이므로 어떤 양수 $δ$에 대해서 $(x-δ, x+δ) ⊆ O_α$ 를 만족한다. 그러므로
$$(x-δ, x+δ) ⊆ \bigcup_α O_α$$
이다. $\mathcal{J}$에 속하는 유한개의 원소 O_n $(n=1, 2, \cdots, m)$에 대해서, 이들의 교집합도 $\mathcal{J}$에 속한다. 만일, $x ∈ \bigcap_n O_n$ 이라면 모든 n에 대해서 $(x-δ_n, x+δ_n) ⊆ O_n$를 만족하는 양수 $δ_n$가 존재한다.
$$δ = \min\{δ_n | n=1, 2, \cdots, m\}$$
라 하면 $δ > 0$이고
$$(x-δ, x+δ) ⊆ \bigcap_n O_n$$
을 만족한다.

【예제 1.13】 O를 $φ$가 아닌 $\mathbb{R}$의 개집합이라 하자. 그러면 집합 O는 유리수도 포함하고 무리수도 포함한다. 즉, 유리수만 포함하거나 또는 무리수만 포함하는 개집합은 존재하지 않는다. 실은, O가 공집합이 아니므로 어떤 실수 x를 포함하고, O가 개집합이므로 어떤 양수 $δ$에 대해서 $(x-δ, x+δ) ⊆ O$를 만족한다. 모든 개구간은 유리수도 포함하고 무리수도 포함하므로 우리의 주장은 옳음을 알 수 있다.

7. 벡터공간

몇 곳에서 사용할 벡터공간을 정의하자. 우리가 정의할 벡터는 물리학에서 다루는 "크기와 방향을 갖는 것"이란 의미를 확장하여, 보다 일반적인 벡터를 정의할 것이다. 벡터란 여러 가지의 요소를 묶어 하나로 보고, 유용한 연산이 적용되는 집합의 한 개체이다. 예를 들어, 역학에서는 크기와 방향이라는 두 요소를 하

나로 묶어 하나의 개체로 보고 이들의 합 등, 유용한 연산을 정의할 수 있다. 여기서 "유용"함이란 비록 추상적 연산이라 할지라도 수리 현상의 규명에 중요한 도구로 활용될 수 있다는 의미이다.

정의1.11 실수의 집합 $\mathbb{R}$과 집합 V에 대해서 다음과 같은 덧셈 연산자 ($+$)와 스칼라 곱 ($\cdot$)이 정의되고, 이들 연산에 관하여 (1)에서 (8)까지의 모든 공리를 만족할 때, V는 $\mathbb{R}$ 위에서의 **벡터공간**(vector space)이라 한다.

(덧셈 연산자)　 $+: V \times V \to V$, $+(x, y)$를 $x+y$로 표시한다.

(스칼라 곱)　　 $\cdot: \mathbb{R} \times V \to V$, $\cdot(a, x)$는 $a \cdot x$로 표시한다.

(1) V의 임의의 원소 x, y에 대해서 $x+y=y+x$가 성립합다.

(2) V의 임의의 원소 x, y, z에 대해서 $(x+y)+z=x+(y+z)$가 성립한다.

(3) V의 임의의 원소 x에 대해서 $x+0=x$를 만족하는 $0 \in V$이 존재한다.

(4) V의 임의의 원소 x에 대해서 $x+(-x)=0$를 만족하는 $-x \in V$가 존재한다.

(5) 임의의 실수 a와 V의 임의의 원소 x, y에 대해서 $a \cdot (x+y) = a \cdot x + a \cdot y$를 만족한다.

(6) 임의의 실수 a, b와 V의 임의의 원소 x에 대해서 $(a+b) \cdot x = a \cdot x + b \cdot x$를 만족한다.

(7) 임의의 실수 a, b와 V의 임의의 원소 x에 대해서 $(ab) \cdot x = a \cdot (b \cdot x)$를 만족한다.

(8) V의 임의의 원소 x에 대해서 $1 \cdot x = x$를 만족한다.

　　V의 공집합이 아닌 부분집합 S가 다음 성질을 만족할 때, S를 벡터공간 V의 **부분공간**(subspace)이라 한다.

"임의의 실수 a, b와 S의 임의의 원소 x, y에 대해서 $a \cdot x + b \cdot y \in S$를 만족한다"

【예제1.14】 $\mathbb{R}^2 = \mathbb{R} \times \mathbb{R}$에 대해서 덧셈 연산자 (+)와 스칼라 곱 (·)를 다음과 같이 정의하자.

$$(x_1, y_1) + (x_2, y_2) = (x_1 + x_2, y_1 + y_2)$$

$$a \cdot (x, y) = (ax, ay)$$

그러면 $\mathbb{R}^2$는 $\mathbb{R}$위에서의 벡터공간이 된다.

【예제1.15】 $\mathbb{R}$위의 벡터공간 V의 부분공간 S는 그 자체가 $\mathbb{R}$위의 벡터공간이다. S의 임의의 원소 x, y를 택하자. 그러면 공리(8)에 의해서 $1 \cdot x + 1 \cdot y = x + y$이고, S가 부분공간이므로 $x + y \in S$이다. 그러므로 덧셈 연산자가 잘 정의된다. 또한, $a \cdot x = (a+0) \cdot x = a \cdot x + 0 \cdot x$이므로 $a \cdot x \in S$이다. 그러므로 스칼라 곱도 잘 정의됨을 알 수 있다. 나머지 부분은 V에서 성립하는 성질들이므로 역시 S에 대해서도 성립한다.

제2장 지식공간

대부분의 교육평가에서 학생들의 정답문항은 몇 가지 유형으로 분류된다. 이것은 각 문제를 해결하기 위한 배경 지식이 어떤 체계를 갖고 있기 때문이다. 예를 들어, 두 문제에 관련하는 지식들이 상하의 위계관계를 갖고 있다면 많은 학생의 답안에서도 그 관련성이 나타날 것이다. 역으로 우리는 학생들의 평가결과를 이용하여 각 문제에 관련하는 지식의 체계를 분석하는 것도 가능할 것이다.

본 장에서는 학생 각자에 대한 정답문항의 형태를 지식 체계의 관점에서 특성화하고, 이들의 관련성을 조사한다.

1. 기본사항

평가 결과를 분석할 때, 분석 결과의 신뢰성은 학생들이 얼마나 성실한 태도로 평가에 임하였는지에 좌우된다. 평가에 어떤 학생이 대충 임했다면 평가 결과로부터 얻은 정보는 그 학생에 관한 참된 정보라 할 수 없다. 그러므로 본 이론을 전개하려면 평가에 임하는 모든 학생에 대하여 다음과 같은 두 가지 조건을 가정하여야 한다.

(1) 모르는 문제를 우연히 맞히는 경우는 없다.
(2) 맞힐 수 있는 문제를 실수로 틀리는 경우는 없다.

모든 학생들에게 위의 두 전제가 보장되는 평가라면 가장 이상적인 평가라 할 수 있지만, 실제로 이러한 경우를 기대할 수 없다. 그러므로 차선책으로 이러한 전제를 만족하는 답안만을 골라 평가에 활용하는 방법을 택한다.

이 책을 통하여 취급하는 평가문항은 이분문항("맞음"과 "틀림" 두 가지로 판명할 수 있는 문항)만을 고려한다. 평가에 있어서 어떤 학생이 맞힌 문항의 집합을 **지식상태**(knowledge state)라 한다. 이 집합은 그 학생에 대한 지식정보를 갖고 있으며, 충분히 많은 학생이 같은 평가문항으로 평가를 받았다면 다른 학생의 지식상태와 비교하여 그 학생의 현재 지식상태를 알 수 있을 것이다. 여기서 충분히 많은 학생에 대한 정보를 기준으로 삼는 이유는 정보를 최대한 객관화하기 위함이다.

이와 같은 지식상태들의 모임에 대하여 수학적 해석의 편의를 위해 다음과 같은 정의를 도입하자.

정의 2.1 Q를 평가문항의 집합이라고 하고 K를 지식상태의 어떤 집합이라 하자. 이 때, 집합 K가 공집합 ϕ와 전체집합 Q를 포함하면, 순서쌍 (Q, K)를 **지식구조**(knowledge structure)라 한다.

(Q, K)가 지식구조이면 K의 원소의 합집합은 Q가 된다. 즉, $\bigcup_{K \in K} K = Q$가 성립한다. 그러므로 특별히 혼란이 없을 경우, 지식구조 (Q, K)를 K로도 표기한다.

지식구조란 평가결과로부터 얻어지는 하나의 집합이다. 이 집합에 ϕ 또는 Q가 없는 경우, 이들을 첨가하여 지식구조를 구성할 수 있다. 공집합 ϕ는 모든 문항을 틀린 학생이 있다는 것을 의미하고, 전체집합 Q는 모두 맞힌 학생의 존재를 나타낸다. 그러므로 지식구조 K의 각 원소를 지식상태로 생각하자. 이러한 방법은 실제 상황을 고려하면 타당한 정의이다.

앞으로의 내부분의 논의는 지식구조로부터 시작하며, 지식구조의 원소 하나하나를 지식상태로 보고 이론을 전개할 것이다.

【예제2.1】 $Q=\{a, b, c, d, e, f\}$에 대해서
$$K = \{\phi, \{d\}, \{a,c\}, \{e,f\}, \{a,b,c\}, \{a,c,d\},$$
$$\{d,e,f\}, \{a,b,c,d\}, \{a,c,e,f\}, \{a,c,d,e,f\}, Q\}$$
라 하면 (Q, K)는 지식구조가 된다. 여기서 Q의 모든 부분집합이 지식상태일 필요는 없다.

정의2.2 지식구조 (Q, K)와 Q의 원소 q에 대해서 K_q는 q를 포함하는 모든 지식상태의 집합이다. 즉, $K_q = \{K \in K \mid q \in K\}$이다.

[예제 2.1]에서의 지식구조 (Q, K)에 대해서 K_a와 K_e를 구하면 다음과 같다.
$K_a = \{\{a,c\}, \{a,b,c\}, \{a,c,d\}, \{a,b,c,d\}, \{a,c,e,f\}, \{a,c,d,e,f\}, Q\}$
$K_e = \{\{e,f\}, \{d,e,f\}, \{a,c,e,f\}, \{a,c,d,e,f\}, Q\}$

이러한 방법으로 K_c를 구해보면 $K_a = K_c$임을 알 수 있다. 이것은 a를 포함하는 모든 지식상태는 c를 포함하고 있고, c를 포함하는 모든 지식상태는 a를 포함하고 있음을 나타낸다. 즉, 문항 a를 맞힌 모든 학생은 문항 c를 맞힐 수 있고, 문항 c를 맞힌 모든 학생은 문항 a를 맞힐 수 있다는 것을 의미한다. 그러므로 문항 a, c를 해결하기 위한 배경 지식은 어떤 의미에서 같은 것으로 볼 수 있다. 역시 위의 과정으로 $K_e = K_f$임을 확인할 수 있다.

> **정의2.3** 지식구조 (Q, K)와 Q의 원소 q에 대해서
>
> $$q^* = \{r \in Q \mid K_q = K_r\}$$
>
> 를 **개념**(notion)이라 한다. 이 때, q^*의 원소들을 서로 **같은 정보원을 갖는다**(equally informative)라고 말한다.

지식구조 (Q, K)에 대해서 Q의 원소 p, q가 같은 정보원을 가질 때 관계 $p \sim q$로 정의하면 $(Q, \sim)$는 동치관계임을 쉽게 확인할 수 있다. 그러므로 [예제 2.1]의 지식구조 (Q, K)에 대해서 본 동치관계를 이용하여 집합 Q를 다음과 같이 분할할 수 있다.

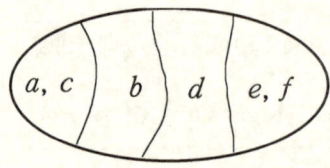

[그림 2-1] Q의 분할

> **정의2.4** 지식구조 (Q, K)에 대해서 모든 개념이 단 하나의 원소로 구성되어 있을 경우 즉, 모든 원소 q에 대해서 q^*가 단 하나의 원소로 이루어져 있을 때 지식구조 (Q, K)는 **구별적**(discriminative)이라 한다.

지식구조 (Q, K)가 구별적이면 모든 Q의 원소 q에 대해서 $q^* = \{q\}$가 성립한다. 그러므로 Q의 모든 원소는 서로 구별되는 개념에 속한다는 것을 알 수 있다. 평가문항의 선별에서 모든 문항이 서로 다른 개념에 속하도록 하는 것은 일반적이다. 만일 그렇지 못할 경우 평가가 끝난 시점에서 동일 개념의 문제는 같

은 문항으로 여기고 평가 결과를 해석하는 것이 합리적이다. 이러한 방법을 알아보자.

Q의 부분집합 A에 대해서 $A^* = \{q^* \mid q \in A\}$로 표기하자. 그러면 [예제 2.1]의 경우

$$Q^* = \{a^*, b^*, d^*, e^*\}$$

가 된다. 따라서 Q^*의 원소는 같은 개념의 문항을 하나로 묶어 표현한 것이다. 지식구조 K에 대해서 $K^* = \{K^* \mid K \in K\}$라 하면 (Q^*, K^*)는 하나의 지식구조가 되며 더욱이 구별적이다. 이 때, (Q^*, K^*)를 지식구조 (Q, K)의 **구별적 축약**(discriminative reduction)이라 한다.

【예제2.2】 [예제2.1]에서 사용한 지식구조 (Q, K)의 구별적 축약 K^*을 구하면

$$K^* = \{\phi, \{d^*\}, \{a^*\}, \{e^*\}, \{a^*, b^*\}, \{a^*, d^*\},$$

$$\{d^*, e^*\}, \{a^*, b^*, d^*\}, \{a^*, e^*\}, \{a^*, d^*, e^*\}, Q^*\}$$

이다.

정의2.5 지식구조 (Q, K)에 대해서, Q가 유한집합이면 (Q, K)는 **유한**(finite)이라 하고, K가 유한집합이면 (Q, K)는 **근본적 유한**(essentially finite)이라 한다. 또한 Q가 가산집합이면 (Q, K)는 **가산**(countable)이라고 하고 K가 가산집합이면 (Q, K)는 **근본적 가산**(essentially countable)이라 한다.

Q가 유한집합이면 $K \subseteq 2^Q$이기 때문에, 지식구조 (Q, K)가 유한이면 근본적 유한이다. 그러나 역은 성립하지 않는다. 예를 들어, 무한집합 Q에 대해서 $K = \{\phi, Q\}$라 하면 지식구조 (Q, K)는 근본적 유한이지만 유한은 아니다.

Q가 가산집합이라도 집합 2^Q는 반드시 가산집합인 것은 아니다. 실제, Q가 유한집합이면 2^Q도 유한집합이지만, Q가 무한인 가산집합이면 2^Q는 가산집합이 아니다. 그러므로 지식구조가 가산일지라도 근본적 가산이 되는 것은 아니며, 역시 근본적 가산일지라도 가산인 것은 아니다.

【참고2.3】 지식구조 (Q, K)에 대해서 $\#(K) = \#(K^*)$가 성립한다. 이것을 보이기 위해서 다음과 같은 함수 f를 정의하자.

$$f: K \to K^*, \quad f(K) = K^*$$

K의 임의의 두 원소 K_1, K_2에 대해서 $K_1^* = K_2^*$라 하자. 만일 $K_1 \neq K_2$라 가정하면, $K_1 - K_2 \neq \phi$ 또는 $K_2 - K_1 \neq \phi$ 가 성립한다. 먼저, $K_1 - K_2 \neq \phi$이라면 $K_1 - K_2$에 속하는 원소 q를 택할 수 있다. 이것은 $q \in K_1$이고 $q \notin K_2$을 의미한다. 한편, $q^* \in K_1^*$이고 $K_1^* = K_2^*$이므로 $q^* \in K_2^*$가 성립한다. 따라서 K_2의 어떤 원소 a에 대해서 $K_a = K_q$가 성립한다. 이것은 $K_2 \in K_q$를 의미하므로 $q \in K_2$이며, 이것은 모순이다. 같은 방법으로 $K_2 - K_1 \neq \phi$를 가정하면 모순을 끌어낼 수 있다. 그러므로 함수 f는 단사이다.

K^*의 정의로부터 명백히 함수 f는 전사이다. 그러므로 $\#(K) = \#(K^*)$가 성립한다.

【참고2.4】 지식구조 (Q, K)에 대해서 다음의 두 명제는 서로 동치이다.
(1) (Q, K)는 근본적 유한이다.
(2) Q^*는 유한집합이다.

$K^* \subseteq 2^{Q^*}$이고, [참고 2.3]으로부터 $\#(K) = \#(K^*)$이므로 (2)가 성립하면 (1)이 성립한다.

(1)이 성립하면 (2)가 성립함을 보이기 위하여 다음과 같은 함수 g를 정의하자.

$$g: Q^* \to 2^K, \quad g(q^*) = K_q$$

Q^*의 임의의 두 원소 p^*, q^*에 대해서 $p^* = q^*$이면 $K_p = K_q$가 성립하므로 g는 잘 정의된 함수임에 틀림없다. 한편, $K_p = K_q$이면 $p^* = q^*$가 성립하므로 함수 g는 단사이다. 그러므로 $\#(Q^*) \leq \#(2^K)$가 성립하므로 Q^*는 유한집합이다.

2. 지식공간

실제 평가의 결과로부터 얻어지는 지식상태의 집합은 지식구조의 성질에 보다 부가적인 성질을 만족하는 경우가 대부분이다. 이것을 논하기 위해서 지식공간을 정의하자.

정의2.6 지식구조 (Q, K)에 대해서 K가 합집합 연산에 대하여 닫혀 있을 때 즉, K의 임의의 부분집합 F에 대해서 $\bigcup F \in K$ 일 때 (Q, K)를 **지식공간**(knowledge space)이라 한다.

두 개의 지식상태 K_1, K_2에 대해서 $K_1 \cup K_2$를 하나의 지식상태로 볼 수 있는가? 이것은 지식공간론의 근본적인 문제로 합집합을 지식상태로 인정하지 않는 학자도 있지만 이것을 인정하는 것이 대세이므로 이 책에서는 합집합을 하나의 지식상태로 인정하고 위의 정의를 택한다. 실제, 두 학생 A, B가 충분한 시간을 갖고 서로의 지식정보를 교환하면 두 학생의 지식을 모두 갖고 있는 수준으로 발전할 수 있을 것이다.

보다 구체적인 방법으로 위의 타당성을 설명하여 보자. 평가문항의 집합 Q에 대해서 집합 $2^Q - \{\phi\}$에 다음과 같은 관계 R을 정의한다.

"$ARB \Leftrightarrow A$에 포함되는 모든 문제를 틀리면 B의 어떠한 문제도 맞힐 수 없다."
위의 관계는 A에 포함된 문항 중에서 한 문항도 맞히지 못하면 B에 포함된 어떠한 문항도 맞힐 수 없는 관계를 표현한 것이다. 즉, B에 포함된 문제를 해결하기 위해서는 A에 포함된 몇 문제를 맞힐 수 있는 지식이 필요한 경우, ARB로 표현했다.

위의 관계 R에 대해서

$K = \{K \subseteq Q | ARB$인 모든 A, B에 대해서 $A \cap K = \phi$ 이면 $B \cap K = \phi\}$
라 하면 (Q, K)는 지식공간이 된다. 명백히 $\phi \in K$와 $Q \in K$가 성립한다. 또한, K와 L이 K의 원소 즉, 지식상태이면 $K \cup L$도 지식상태가 된다. 이것을 확인하자. 만일 ARB인 A, B에 대해서 $A \cap (K \cup L) = \phi$라 하면

$$A \cap (K \cup L) = (A \cap K) \cup (A \cap L)$$

이므로 $A \cap K = \phi$, $A \cap L = \phi$이다. 그러므로 $B \cap K = \phi$, $B \cap L = \phi$가 성립하므로 $B \cap (K \cup L) = \phi$도 성립한다. 이것은 $K \cup L$이 K의 원소임을 알려준다.

이상의 과정에서 알 수 있듯이 평가문항에 대한 배경 지식이 구체적인 위계를 갖고 있고, 충분히 많은 학생에 대해서 평가를 실시할 경우 지식상태들의 합집합은 역시 하나의 지식상태가 됨을 알 수 있다.

【예제2.5】 $Q = \{a, b, c\}$에 대하여 $R = \{(\{a, b\}, \{c\})\}$라 하자. 즉 문항 c를 맞히기 위해서는 문항 a, b 중에서 최소한 한 문항을 맞혀야 한다. 이 때 가능한 지식공간은 $K = \{\phi, \{a\}, \{b\}, \{a, b\}, \{a, c\}, \{b, c\}, \{a, b, c\}\}$이다. 관계 R에서 가능한 학습 단계는 a를 학습한 후 c를 학습하거나 b를 학습한 후 c를 학습하여야 한다. 이 관계를 도식화하면 [그림 2-2]와 같다. 점선으로 둘러싸인 집합이 지

식상태가 된다. 물론 공집합 ϕ도 지식상태이다.

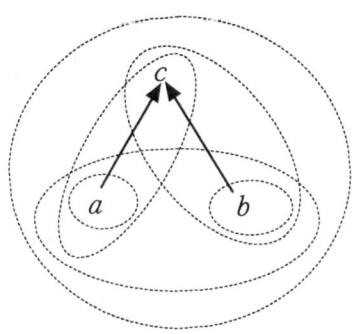

[그림 2-2] 지식상태

정의2.7   집합 Q와 2^Q의 부분집합 D가 Q를 포함함과 동시에 교집합 연산에 대하여 닫혀 있을 때 즉, D의 임의의 부분집합 F에 대해서 $\bigcap F \in D$가 성립할 때 (Q,D)를 **폐공간**(closure space)이라 한다. 더불어 D가 공집합 ϕ를 포함할 때 폐공간 (Q,D)를 **단순**(simple)이라 한다.

지식공간 (Q,K)에 대해서 $\overline{K} = \{K^c \mid K \in K\}$라 하면 $(Q, \overline{K})$는 단순 폐공간이 된다. 그러므로 단순 폐공간은 지식공간을 연구하는 데에 직접 사용될 수 있다.

【예제2.6】 R^2를 2차원 평면이라 하고 $D = \{\phi, R^2$의 점, R^2의 직선, $R^2\}$라 하면 (R^2, D)는 단순 폐공간이 된다. 실은, 직선과 직선이 만나는 경우는 한 점에서 만나거나 일치하여야 한다. 그러므로 직선과 직선의 교집합은 공집합, 섬 또는 직선이 된다. 두 평면의 경우, 두 평면이 일치하지 않으면서 만나면 만나는 부분은 직선이거나 두 평면이 일치하면 공통부분은 평면이 된다. (R^2, D)가 폐공간인 것을 보이기 위해서는 다른 경우도 확인하여야 하지만 나머지 부분의 확

인은 독자에게 맡긴다.

정리2.8 폐공간 (Q, D)와 2^Q의 임의의 원소 K에 대해서 K를 포함하는 D의 원소 중에서 최소의 원소가 유일하게 존재한다. 이 때, 이 원소를 K'라 하면 2^Q의 임의의 원소 A, B에 대해서 다음이 성립한다.

(1) $A \subseteq A'$

(2) $A \subseteq B$이면 $A' \subseteq B'$가 성립한다.

(3) $A'' = A'$

또한, $\phi' = \phi$와 $\phi \in D$는 서로 동치다.

[증명] $Q \in D$이므로 K를 포함하는 D의 원소가 반드시 존재한다. 실제, 폐공간의 정의로부터 $K' = \bigcap_{K \subseteq P \in D} P$로 표현되며, K'는 K를 포함하는 D의 원소 중에서 최소이다. 더불어, K에 대해서 K'는 유일함을 알 수 있다.

A'의 정의로부터 명백히 (1)이 성립한다.

(2)가 성립함을 보이자. $A \subseteq B$이면 (1)로부터 $B \subseteq B'$가 성립하므로 $A \subseteq B'$이고 $B' \in D$이므로 $A' \subseteq B'$이어야 한다.

A'는 그 자체가 A'를 포함하는 D의 원소이므로 $A'' \subseteq A'$이다. 또한, (1)로부터 $A' \subseteq A''$이므로 (3)이 성립한다.

$\phi = \phi'$이면 $\phi' \in D$이므로 $\phi \in D$이다. 역으로 $\phi \in D$이면 ϕ'의 정의로부터 $\phi' = \phi$이다. □

[정리 2.8]에서 K에 K'를 대응시키는 것은 정의역이 2^Q이고 공변역이 D인 전사함수이다. 이러한 함수가 정의 가능하고, 명제(1), (2), (3)을 만족하는 것은 D가 폐공간이라는 조건으로부터 가능하였다. 역으로, 함수 ′ 대신 보다 일반적 함수 f가 명제(1), (2), (3)의 형태를 만족하면 함수 f의 치역은 폐공간을 이루는지

확인하여 보자.

> **정리2.9** 집합 Q에 대해서, Q에 정의되는 모든 폐공간의 집합을 M, 2^Q에서 2^Q으로의 함수 중에서 [정리 2.8]의 (1), (2), (3)을 만족하는 함수의 집합을 N이라 하자. 즉,
> $$N = \{f : 2^Q \to 2^Q \mid A \subseteq f(A),\ A \subseteq B \text{이면 } f(A) \subseteq f(B),\ f(f(A)) = f(A)\}$$
> 이 때, 함수 ι를 다음과 같이 정의하자.
> $$\iota : M \to N, \quad (Q, D) \mapsto f$$
> ($f(A)$는 A를 포함하는 D의 원소 중에서 최소인 원소)
> 그러면 함수 ι는 전단사이다.

[증명] [정리 2.8]의 증명 방법을 적용하면 $A \subseteq f(A)$, $A \subseteq B$이면 $f(A) \subseteq f(B)$, $f(f(A)) = f(A)$가 성립함을 확인할 수 있다. 그러므로 ι는 잘 정의되는 함수이다.

함수 ι가 단사임을 보이자. 이것을 위하여 M의 원소 (Q, D_1), (Q, D_2)에 대해서 $\iota((Q, D_1)) = \iota((Q, D_2)) = f$ 라 가정하자. D_1의 임의의 원소 A에 대해서 $f(A) = A$가 성립한다. 또한, $f(A) \in D_2$이므로 $A \in D_2$이어야 한다. 그러므로 $D_1 \subseteq D_2$가 성립하며, 같은 방법으로 $D_2 \subseteq D_1$임을 확인할 수 있다. 따라서 $(Q, D_1) = (Q, D_2)$이며, 함수 ι는 단사이다.

함수 ι가 전사임을 보이자. N의 임의의 원소 f에 대해서
$$D = \{A \in 2^Q \mid f(A) = A\}$$
라 놓자. 함수 f의 첫 번째 특성으로부터 $Q \subseteq f(Q)$이다. 또한 $f(Q) \subseteq Q$이므로 $f(Q) = Q$이어서 $Q \in D$가 성립한다. D가 교집합에 대해서 닫혀 있음을 보이기 위하여 D의 임의의 부분집합 $\{D_a\}$을 생각하자. 그러면 함수 f의 두 번째 특성으

로부터 모든 β에 대해서 $f(\bigcap_a D_a) \subseteq D_\beta$가 성립한다. 그러므로 $f(\bigcap_a D_a) \subseteq \bigcap_a D_a$ 가 성립한다. 한편 함수 f의 첫 번째 특성을 적용하면 $f(\bigcap_a D_a) = \bigcap_a D_a$가 얻어 진다. 그러므로 (Q, D)는 폐공간이다.

$\iota((Q, \mathrm{D})) = g$라 놓고 $g = f$임을 보이자. 2^Q의 임의의 원소 A에 대해서
$$g(A) = \bigcap_{A \subseteq P \in \mathrm{D}} P = f(\bigcap_{A \subseteq P \in \mathrm{D}} P) \supseteq f(A)$$
가 성립한다. 여기서 마지막 포함관계는 함수 f의 두 번째 성질로부터 성립한 다. 또한, $A \subseteq f(A)$이고 $f(A) \in \mathrm{D}$이므로 함수 g의 정의로부터 $g(A) \subseteq f(A)$ 이다. 그러므로 $g(A) = f(A)$이고 A는 2^Q의 원소를 임의로 택하였으므로 $g = f$가 성립한다.

따라서 함수 ι는 전단사 함수이다. □

평가문항의 집합 Q의 부분집합 A에 대해서 $f(A)$를 "A에 속한 모든 문항을 틀리면 반드시 틀리는 문항의 집합"이라 하자. 실제 평가에서는 학생 각자의 틀 린 문항만을 고려함으로써 $f(A)$를 찾아 낼 수 있다.

이러한 함수 f에 대해서 명백히 $A \subseteq f(A)$가 성립한다. 또한, $A \subseteq B$이면 $f(A) \subseteq f(B)$이다. [정리 2.8]의 (3)과 유사한 등식 $f(f(A)) = f(A)$가 성립함을 보이자. $A \subseteq f(A)$가 성립하므로 바로 앞의 성질로부터 $f(A) \subseteq f(f(A))$가 성 립한다. 만일, 집합 $f(f(A)) - f(A) \neq \phi$라 가정하자. 그러면 집합 $f(f(A)) - f(A)$에 속하는 문항 x가 존재한다. $x \in f(f(A))$이므로 $f(A)$에 속 하는 문항을 모두 틀린 학생은 문항 x도 틀린다. 한편, A에 속하는 문항을 모두 틀린 학생은 $f(A)$에 속한 문항을 모두 틀린다. 그러므로 A에 속하는 모든 문 항을 틀린 학생은 문항 x도 틀린다는 의미이므로 $x \in f(A)$이다. 이것은 x의 선 택에 모순이다. 따라서 등식 $f(f(A)) = f(A)$가 성립한다.

그러므로 위 정리에 의해서
$$D = \{A \in 2^Q \mid f(A) = A\}$$
라 하면 (Q, D)는 폐공간이다. $f(\phi) = \phi$이므로 $\phi \in D$이다. 따라서
$$K = \{D^c \mid D \in D\}$$
라 하면, (Q, K)는 지식공간이 된다. 이 지식공간은 학생들의 정답 문항만을 골라 구성한 지식공간과 일치한다.

정리 2.10 지식구조 (Q, K)에 대해서 A를 Q의 부분집합이라 하자. 이 때, $T = \{H \in 2^A \mid H = A \cap K, K \in K\}$라 하면 (A, T)는 지식구조이다. 특히, 다음이 성립한다.
(1) (Q, K)가 지식공간이면 (A, T)도 지식공간이다.
(2) (Q, K)가 구별적이면 (A, T)도 구별적이다.

[증명] $\phi = A \cap \phi$, $A = A \cap Q$이고 $\phi \in K$, $Q \in K$이므로 (A, T)는 지식구조이다.

(Q, K)가 지식공간이라 가정하고, $F \subseteq T$에 대해서 $F = \{A \cap K_\alpha \mid K_\alpha \in K\}$라 놓자. 그러면
$$\bigcup F = \bigcup (A \cap K_\alpha) = A \cap (\bigcup K_\alpha)$$
이고 $\bigcup K_\alpha \in K$이므로 $\bigcup F \in T$이다. 그러므로 (1)이 성립한다.

(Q, K)가 구별적이면 서로 다른 A의 두 원소 p, q에 대해서 $p \in K$이고 $q \notin K$이거나 또는 $p \notin K$이고 $q \in K$인 K의 어떤 원소 K가 존재한다. 이러한 K에 대해서 $p \in A \cap K$이고 $q \notin A \cap K$이거나 또는 $p \notin A \cap K$이고 $q \in A \cap K$이다. 그러므로 (A, T)도 구별적이다. □

[정리 2.10]에 의해서 (A, T)는 하나의 지식구조가 되므로 이것을 지식구조

(Q, K)의 **부분구조**(substructure)라 한다. 만일 (Q, K)가 지식공간이면 (A, T)는 지식공간 (Q, K)의 **부분공간**(subspace)이라 한다.

【예제2.7】 $Q = \{a, b, c, d, e\}$에 대해서
$$K = \{\phi, \{c, e\}, \{d\}, \{a, c, d, e\}, \{b, c, d, e\}, Q\}$$
라 하면 (Q, K)는 지식구조이다. 또한, 이 지식구조는 지식공간이 아니며 구별적이 아니다. $A = \{a, b\}$에 대해서
$$T = \{A \cup K \mid K \in K\} = \{\phi, \{a\}, \{b\}, \{a, b\}\}$$
라 하면 (A, T)는 지식구조 (Q, K)의 부분구조가 된다. 한편, (A, T)는 구별적 지식공간이다. 그러므로 [정리 2.10]의 (1)과 (2)의 역은 일반적으로 성립하지 않음을 알 수 있다.

3. 기저

지식공간 (Q, K)에 대해서 K를 보다 함축적으로 표현하는 방법을 생각하여 보자. 일반적으로 지식상태의 집합 K은 많은 수의 원소를 갖고 있어서 컴퓨터 시스템에 모든 지식상태를 항상 저장하여 사용하는 것은 시스템의 관리적 측면에서 매우 비효율적이다. 그러므로 보다 작은 집합으로부터 집합 K를 구성하는 방법이 필요하다. 이러한 의도에서 우리는 지식공간의 기저를 정의하고, 이 기저를 쉽게 발견할 수 있는 데에 도움을 주는 몇 가지 주제를 논하여 보자.

2^Q의 부분집합 K와 K의 부분집합 B에 대해서, B에 속하는 원소의 임의의 개수의 합집합 연산으로 K의 모든 원소를 얻을 수 있을 때, 집합 B는 K를 **생성한다**(span)고 말한다. 즉, K의 임의의 원소 K는 $K = \bigcup_\alpha B_\alpha$ $(B_\alpha \in B)$로 표현

될 때이다. 단, 합집합을 전혀 수행하지 않을 때는 공집합 ϕ가 얻어지는 것으로 약속한다.

정의2.11 지식공간 (Q, K)와 K의 부분집합 B에 대해서 집합 B가 K를 생성하고, 집합의 포함관계의 의미에서 최소일 때, 집합 B를 지식공간 (Q, K)의 기저(base)라 한다.

여기서 최소의 의미는 "만일 K의 어떤 부분집합 B'가 K를 생성하고 포함관계 $B' \subseteq B$이라면 $B' = B$가 성립한다"이다.

지식공간 (Q, K)는 얼마나 많은 기저를 가질 수 있는가? 기저를 최소의 집합으로 정의하였으므로 명백히 하나라고 생각할 수 있으나 그렇게는 생각할 수 없다. 실제, 우리가 논하고 있는 집합은 집합의 포함관계를 갖는 부분순서집합 $(2^Q, \subseteq)$이다. 그러므로 최소의 집합이 존재한다면 항상 하나라고 할 수 없다. 예를 들어, 집합 $\{\{a\}, \{b\}, \{a, b\}, \{a, b, c\}\}$에서 최소의 집합은 두개이다.

정리2.12 지식공간 (Q, K)의 기저 B가 존재하고 K의 어떤 부분집합 F가 K를 생성하면 포함관계 $B \subseteq F$가 성립한다.

[증명] 만일 $K \in (B - F)$인 K가 존재한다고 가정하면 $K = \bigcup F_a$ ($F_a \in F$)로 표시되며, 모든 a에 대해서 $F_a \subset K$이다. 한편, B가 기저이므로 모든 a에 대해서 $F_a = \bigcup B_\beta$ ($B_\beta \in B$)로 표시된다. 이것은 집합 $B - \{K\}$가 K를 생성한다는 의미이므로 B가 기저라는 것에 모순이다. 따라서 $B \subseteq F$를 만족한다. □

계2.13 지식공간 (Q, K)의 기저가 존재하면 기저는 유일하다.

모든 지식공간이 기저를 갖는 것은 아니다. 다음 예제는 기저가 존재하지 않는 지식공간의 예이다.

【예제2.8】 $\mathbb{R}$을 실수 전체의 집합이라 하고 U를 $\mathbb{R}$의 개집합 전체의 집합이라 하자. 그러면 $(\mathbb{R}, U)$는 지식공간이다. 다음과 같은 두 집합을 생각하자.

$$U_1 = \{(a, b) \mid a, b: \text{유리수}\}$$
$$U_2 = \{(c, d) \mid c, d: \text{무리수}\}$$

개집합 O에 대해서 x가 이 집합의 원소라 하자. 그러면 어떤 양수 δ에 대해서 $(x-\delta, x+\delta) \subseteq O$가 성립하고, 두 개의 개구간 $(x-\delta, x)$, $(x, x+\delta)$에는 유리수, 무리수 모두 존재하므로, 집합 O는 U_1에 속하는 원소의 합집합으로 표현할 수 있고, 역시 U_2에 속하는 원소의 합집합으로 표현할 수 있다. 그러므로, 두 집합 U_1, U_2 모두 U를 생성한다.

만일 B가 지식구조 $(\mathbb{R}, U)$의 기저라면 [정리 2.12]에 의해서 $B \subseteq U_1$, $B \subseteq U_2$가 성립한다. 그러므로 $B \subseteq U_1 \cap U_2$이고 $U_1 \cap U_2 = \phi$이므로 $B = \phi$이다. 이것은 모순이다. 따라서 기저가 존재하지 않는다.

정리2.14 지식공간 (Q, K)가 근본적 유한이면 기저가 존재한다.

[증명] 가정으로부터 $K - \{\phi\}$는 유한집합이므로

$$B_0 = K - \{\phi\} = \{K_1, K_2, \cdots, K_n\}$$

라 놓을 수 있다. 지식상태 K_1에 대해서 K_1이 B_0에 속하는 다른 원소들의 합집합으로 표시되면 K_1을 B_0로부터 제거하고 B_1을 구성하고, 그렇지 않으면

$B_1 = B_0$라 놓는다. 즉,

$$K_1 = \bigcup_{P \subset K_1, P \in B_0} P \text{ 이면 } B_1 = B_0 - \{K_1\}, \quad K_1 \neq \bigcup_{P \subset K_1, P \in B_0} P \text{ 이면 } B_1 = B_0$$

라 하자. 일반적으로 설명하면, K_i ($i = 1, 2, \cdots, n$)에 대해서

$$K_i = \bigcup_{P \subset K_i, P \in B_{i-1}} P \text{ 이면 } B_i = B_{i-1} - \{K_i\}, \quad K_i \neq \bigcup_{P \subset K_i, P \in B_{i-1}} P \text{ 이면 } B_i = B_{i-1}$$

라 놓으면 최종적으로 B_n을 얻을 수 있으며, 이 집합은 지식공간 (Q, K)의 기저가 된다. 실은,

$$\bigcup B_0 = \bigcup B_1 = \cdots = \bigcup B_n = Q$$

가 성립한다. 그러므로 $B_n \neq \phi$이다.

한편, 만일 $F \subset B_n$이고 F가 K를 생성한다고 가정하자. 그러면 $K_j \in B_n - F$인 K_j가 존재한다. 그런데 $B_n \subseteq B_{j-1}$이므로 $K_j \in B_{j-1}$, $F \subset B_{j-1}$가 성립하며, F가 K를 생성하므로 K_j는 B_{j-1}의 몇 개의 원소에 대한 합집합으로 표시할 수 있다. 그러므로 $K_j \notin B_j$이다. 이것은 $B_n \subseteq B_j$에 모순이다. 따라서 B_n은 K를 생성하는 최소의 집합임을 알 수 있다. □

지식공간의 기저에 관련하는 새로운 용어를 정의하자.

정의2.15 지식공간 (Q, K)와 Q의 임의의 원소 q에 대해서, $q \in K \in \mathbf{K}$ 이고 q를 포함하는 K의 원소이면서 K의 진부분집합인 K의 원소가 존재하지 않으면 K를 q의 **원자**(atom)라 한다.

【예제2.9】 $Q = \{a, b, c\}$, $\mathbf{K} = \{\phi, \{a\}, \{a, b\}, \{b, c\}, Q\}$라 하면 $(Q, \mathbf{K})$는 지식공간이 된다. 이 때, a의 원자는 $\{a\}$이며, b의 원자는 $\{a, b\}$와 $\{b, c\}$, c의 원자

는 $\{b, c\}$이다. 이 경우 Q의 모든 원소에 대해서 그 원소의 원자가 존재한다. 그러나 모든 지식공간에 대해서 이러한 현상이 사실인 것은 아니다. [예제 2.8]에서 소개한 지식공간 $(\mathbb{R}, \mathbb{U})$에 대해서는 $\mathbb{R}$의 어떠한 원소도 원자를 갖지 않는다.

지식공간 $(Q, \mathbb{K})$가 근본적 유한이면 Q의 각 원소는 원자를 갖는다. 실은 Q의 임의의 원소 q에 대해서 q를 포함하는 지식상태는 유한개이다. 그러므로 이러한 지식상태 중에서 포함관계의 의미에서 최소인 지식상태가 존재한다.

정리 2.16 지식공간 $(Q, \mathbb{K})$와 $\mathbb{K}$의 어떤 원소 K에 대해서 다음은 서로 동치이다.
(1) K가 Q의 어떤 원소의 원자이다.
(2) $\mathbb{K}$의 어떤 부분집합 $\mathbb{F}$에 대해서 $K = \bigcup \mathbb{F}$이면 $K \in \mathbb{F}$이다.

[증명] K가 Q의 어떤 원소 q의 원자라 가정하자. 즉, (1)의 성립을 가정하자. $\mathbb{K}$의 어떤 부분집합 $\mathbb{F}$에 대해서 $K = \bigcup \mathbb{F}$이면, $\mathbb{F}$의 어떤 원소 L에 대해서 $q \in L$이다. 이러한 L에 대해서 $L \subseteq K$가 성립한다. 그러나 만일 $L \subset K$이면 K가 q의 원자라는 것에 모순되므로 $L = K$가 성립하여야 한다. 그러므로 $K \in \mathbb{F}$이다.

(2)의 성립을 가정하자. 만일 (1)이 거짓 즉, K는 Q의 어떠한 원소에 대해서도 원자가 아니라고 하면, K의 모든 원소 q에 대해서 $K(q) \subset K$를 만족하는 $\mathbb{K}$의 원소 $K(q)$가 존재한다. $\mathbb{F} = \{K(q) \mid q \in K\}$라 하면 $\bigcup \mathbb{F} = K$이므로 $K \in \mathbb{F}$이다. 그러므로 Q의 어떤 원소 p에 대해서 $K(p) = K$이다. 이것은 $K(p)$의 선택에 모순되므로 (1)은 참이다. □

기저와 원자와의 관계를 살펴보자. 다음 정리는 지식공간으로부터 기저를 구성하는 방법을 제공한다. 물론 기저가 존재하는 경우에 한정되지만 [정리 2.14]에 의해서 근본적 유한인 지식공간에 대해서는 기저의 존재가 보장된다.

정리2.17   지식공간 (Q, K)에 대해서 $\mathcal{B}$를 이 공간의 기저라 하면 $\mathcal{B}$는 지식공간 (Q, K)의 모든 원자의 집합과 일치한다.

[증명] $\mathcal{B}$의 임의의 원소 K에 대해서 K가 원자가 아니라고 가정하자. 그러면 K의 모든 원소 q에 대해서 $q \in K(q) \subset K$를 만족하는 K의 원소 $K(q)$가 존재한다. 그러므로 $\bigcup_{q \in K} K(q) = K$가 성립한다. 또한, 모든 $K(q)$는 K의 원소이고 $\mathcal{B}$는 기저이므로 $K(q)$는 $\mathcal{B}$에 속하는 몇 개의 원소에 대한 합집합으로 표시할 수 있다. 그리고 이러한 $\mathcal{B}$의 원소들은 K의 진부분집합들이다. K는 $\mathcal{B}$에 속하므로 K와 서로 다른 몇 개의 $\mathcal{B}$의 원소를 합집합하여 얻을 수 있음을 의미한다. 이것은 $\mathcal{B}$가 기저라는 것에 모순이다. 따라서, $\mathcal{B}$의 모든 원소는 어떤 원소의 원자이다.

반대의 포함관계를 증명하기 위해서 K를 원자라 가정하자. 그러면 $\mathcal{B}$의 어떤 부분집합 F에 대해서 $K = \bigcup F$이다. 그러므로 [정리 2.16]에 의해 $K \in F$가 성립하며, 결국 $K \in \mathcal{B}$가 성립함을 보인 것이다.   □

위의 정리에서 알 수 있듯이 기저가 존재하면 기저에 속하는 모든 지식상태는 Q의 어떤 원소의 원자가 된다. 그러나 Q의 모든 점에 대해서 원자가 존재하는 것을 보장하는 것은 아니다.

【예제2.10】 $\mathrm{P} = \{[0, 1/n] \mid n = 1, 2, \cdots\}$라 하면 $([0,1], \mathrm{P} \cup \{\phi\})$는 지식공간이며, 또한 P는 이 공간의 기저이다. $a \in (0, 1]$에 대해서 $m = [1/a]$ ($[x]$: x를 넘지 않는 최대 정수)라 하면 $[0, 1/m]$은 a의 원자가 된다. 예를 들어, $a = 2/5$

의 원자는 [0,1/2]이다([그림 2-3]). 그러나 0의 원자는 존재하지 않는다.

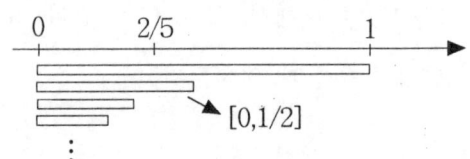

[그림 2-3] 2/5의 원자

【예제2.11】 어떤 원소의 원자가 존재하더라도 기저의 존재가 보장되지는 않는다. $Q=\{0\}\cup(1,\infty)$에 대해서 $K=\{Q\cap O|\ O:$실수 $\mathbb{R}$의 개집합$\}$라 하면 (Q,K)는 지식공간이다. 실은, 이것은 [예제 2.8]에서 사용한 지식공간 $(\mathbb{R},U)$의 집합 Q에 대한 부분공간이다. 그러므로 [정리 2.10]에 의해서 (Q,K)는 지식공간이다.

$\{0\}\in K$이므로 $\{0\}$는 0의 원자이다. 그러나 기저는 존재하지 않는다. 이것을 보이기 위해서 다음과 같이 두 집합을 정의하자.

$$U_1' = \{Q\cap(\alpha_1,\alpha_2)\ |\ \alpha_1,\alpha_2:\text{유리수}\}$$

$$U_2' = \{Q\cap(\beta_1,\beta_2)\ |\ \beta_1,\beta_2:\text{무리수}\}$$

이 때, 두 집합 U_1과 U_2는 (Q,K)를 생성한다. 그 이유에 대해서는 [예제 2.8]을 참고하기 바란다. 만일 지식공간 (Q,K)의 기저 B가 존재한다면, [정리 2.12]에 의해서 $B\subseteq U_1\cap U_2=\{0\}$가 성립한다. 이것은 모순이다. 그러므로 기저가 존재하지 않음을 알 수 있다.

무한개의 지식상태를 갖는 지식구조는 근본적 유한인 지식구조와 여러 면에서 서로 다르지만 특별한 경우 근본적 유한인 지식구조의 성질을 만족한다. 그러면 무한개의 지식상태를 포함하는 지식구조는 어떤 경우 근본적 유한인 지식구조의 성질을 만족하는가를 조사하여 보자. 우선 근본적 유한인 지식구조의 성질을 확장하여 보자.

정의2.18 지식구조 (Q, K)에 대해서, K의 연쇄 F에 대해 항상 $\bigcap F \in K$을 만족할 때 지식구조 (Q, K)는 **유사유한**(finitary)라 한다. 또한, K의 임의의 원소 K와 K의 임의의 원소 q에 대해서, $K(q) \subseteq K$를 만족하는 q의 원자 $K(q)$가 존재할 때 지식구조 (Q, K)를 **세분적**(granular)이라 한다.

근본적 유한인 지식구조는 유사유한이고 세분적이다. 이것을 확인하여 보자. 근본적 유한인 지식구조 (Q, K)에 대해서 K의 부분집합인 연쇄 F를 생각하자. F의 원소가 다음과 같은 포함관계를 갖는다고 하면

$$K_1 \subseteq K_2 \subseteq \cdots \subseteq K_n$$

$\bigcap_{i=1}^{n} K_i = K_1$이므로 $\bigcap F \in K$이다. 세분적임을 보이기 위하여 K의 임의의 원소 K와 K의 임의의 원소 q를 생각하자. $P = \{L \in K \mid q \in L \subseteq K\}$라 하면 집합 P는 유한이다. 그러므로 최소인 P의 원소가 존재하고, 이것이 q의 원자이다.

근본적 유한이 아니지만 유사유한인 지식공간의 예를 들어보자. V를 벡터공간이라 하고 $\Gamma = \{\,V$의 부분공간$\,\} \cup \{\phi\}$라 하자. 또한, $\overline{\Gamma} = \{K^c \mid K \in \Gamma\}$라 하면 $(V, \overline{\Gamma})$는 유사유한인 지식공간이다. 즉, $\overline{\Gamma}$의 어떤 연쇄 F에 대해서 $\bigcap F \in \overline{\Gamma}$이다. 이것이 성립함을 보이기 위해서 $F = \{F_\alpha\}$라 하면 $\bigcup F_\alpha^c$가 벡터공간이거나 공집합인 것을 보이면 된다. 즉, $\bigcup F_\alpha^c$의 두 원소 x, y와 두 개의 실수 a, b에 대해서 $ax + by \in \bigcup F_\alpha^c$가 성립함을 보이자. x가 어떤 벡터공간 F_α^c의 원소이고 y가 어떤 벡터공간 F_β^c의 원소라 하자. F는 연쇄이므로 $F_\alpha^c \subseteq F_\beta^c$이거나

반대의 포함관계를 만족한다. 그러므로 x, y 모두는 두 벡터공간 중에서 최소한 어느 하나에 포함된다. 편의상 $x, y \in F_\beta^c$ 라 하자. 그러면 $ax + by \in F_\beta^c$ 이므로 $ax + by \in \bigcup F_a^c$ 가 성립한다.

위에서 정의한 두 개념의 관계를 살펴보자.

정리2.19 지식구조 (Q, K) 가 유사유한이면 세분적이다.

[증명] 임의의 $K \in K$ 와 임의의 $q \in K$ 에 대해서 $F = \{F \in K \mid q \in F \subseteq K\}$ 라 놓자. 그러면 집합 F 는 포함관계 ($\subseteq$)에 대하여 부분순서집합이므로 하우스도르프 최대정리에 의해서 최대인 연쇄가 존재한다. 이 연쇄를 D 라 하면 $q \in \bigcap D$ 이고 유사유한성으로부터 $\bigcap D \in K$ 이다.

만일 $q \in S \subset \bigcap D$ 를 만족하는 K 의 원소 S 가 존재한다고 가정하자. 그러면 $S \notin D$ 이므로 $D \subset D \cup \{S\}$ 이다. 또한, 집합 $D \cup \{S\}$ 는 F 의 연쇄이다. 이것은 D 가 최대 연쇄라는 것에 모순이다. 그러므로 지식상태 $\bigcap D$ 는 q 의 원자이고 $\bigcap D \subseteq K$ 이다. 따라서 세분적이다. □

다음 예제를 통하여 [정리 2.19]의 역은 성립하지 않음을 알 수 있다.

【예제2.12】 $Q = [0, 2]$, $B = \{\{0\} \cup [1/k, 2/k] \mid k = 1, 2, \cdots\}$ 라 하고, K 를 B 에 의해서 생성된 지식공간이라 하자. 이 때, B 의 어떠한 서로 다른 두 원소는 포함관계를 만족하지 않는다. 그러므로 B 의 각 원소 B 는 B 의 모든 원소의 원자가 된다. 그러므로 지식구조 (Q, K) 는 세분적이다.

그러나, 임의의 자연수 k에 대해서 $[0, 2/k] = \bigcup_{j=k}^{\infty}(\{0\} \cup [1/j, 2/j])$이므로 $[0, 2/k] \in K$가 성립한다. 그러므로 $\{[0, 2/k] \mid k=1, 2, \cdots\}$는 K의 연쇄이다. 그러나

$$\bigcap_{k=1}^{\infty}[0, 2/k] = \{0\} \notin K$$

이므로 지식구조 (Q, K)는 유사유한이 아니다.

정리2.20 유사유한인 지식구조 (Q, K)에 대해서 A를 모든 원자의 집합이라 하고, F를 A에 의해서 생성된 집합이라 하자. 그러면 $K \subseteq F$가 성립한다.

[증명] K의 임의의 원소 K를 생각하자. 그러면 [정리 2.19]에 의해서 K의 임의의 원소 q에 대해서 $K(q) \subseteq K$인 q의 원자 $K(q)$가 존재한다. $K = \bigcup_{q \in K} K(q)$이므로 $K \in F$가 성립한다. 따라서 $K \subseteq F$가 성립한다. □

정리2.21 세분적 지식공간 (Q, K)은 기저를 갖는다.

[증명] B를 모든 원자들의 집합이라 놓자. K의 임의의 원소 K에 대해서

$$K = \bigcup_{q \in K} K(q) \quad (K(q)\text{는 } K\text{에 포함되는 }q\text{의 원자})$$

로 표현할 수 있다. 그러므로 B는 K를 생성한다.

K의 부분집합 B′가 K를 생성하고 B′⊂B라고 가정하자. 그러면 $K \in B - B'$인 K를 택할 수 있다. 이러한 K를 q의 원자라 하자. B′가 K를 생성하므로 $K = \bigcup B_a$ ($B_a \in B'$)로 표현할 수 있다. 이 때, 모든 a에 대해서 $B_a \subset K$가 성립한다. 만일 어떤 a에 대해서 $B_a = K$라면 $K \in B'$가 되어 모순이 발생하기 때문이다. 한편, K는 q를 포함하므로 어떤 a에 대해서 $q \in B_a$가 성립하며

$q \in B_a \subset K$가 되며, 이것은 K가 q의 원자라는 사실에 모순이다. 그러므로 B는 기저이다. □

[예제 2.10]으로부터 [정리 2.21]의 역은 성립하지 않음을 알 수 있다.

정리2.22 지식공간 (Q, K)에 대해서 다음이 성립한다.

(1) K가 교집합 연산에 대해서 닫혀있으면 Q의 각 원소에 대해서 원자는 유일하게 존재한다.

(2) 지식공간 (Q, K)가 세분적이고 Q의 각 원소에 대해서 원자가 유일하게 존재하면 K는 교집합 연산에 대해서 닫혀있다.

[증명] (1)을 증명하자. Q의 임의의 원소 q에 대해서 $F_q = \{K \in K \mid q \in K\}$라 하면 $\bigcap F_q \in K$가 성립한다. 그리고 이 집합이 q의 원자가 된다. 만일 A가 q의 원자라면 $A \in F_q$이므로 $\bigcap F_q \subseteq A$가 성립하고, q의 원자라는 사실로부터 $A = \bigcap F_q$이다. 그러므로 q의 원자는 유일하게 존재한다.

(2)를 증명하기 위하여 K의 임의의 부분집합 F를 택하고, $L = \bigcap F$라 놓자. 또한, Q의 원소 q의 원자를 $K(q)$라 하자. 만일, $L = \phi$이면 명백히 $L \in K$가 성립한다. $L \neq \phi$일 때, $q \in L$인 q를 생각하자. 모든 $K \in F$에 대해서 $K(q) \subseteq K$이므로 $K(q) \subseteq L$이 성립한다. 그러므로 $L = \bigcup_{q \in L} K(q)$이어서, $L \in K$이다. 이것은 교집합 연산에 대해서 닫혀 있음을 증명한 것이다. □

위 정리의 (2)에서 세분적이라는 가정은 생략할 수 없다.

【예제2.13】 실수 전체의 집합 $\mathbb{R}$과

$$B = \{[0, 1/n] \mid n = 1, 2, \cdots\} \cup \{(-\infty, 0], \mathbb{R}\}$$

에 의해서 생성되는 집합을 K라 하자. 그러면 $(\mathbb{R}, K)$는 지식공간이다. 한편, $\mathbb{R}$의 각 원소에 대해서 원자는 유일함을 알 수 있다. 특별히 0의 원자는 $(-\infty, 0]$이다.

그러나 $(-\infty, 0] \cap [0, 1] = \{0\} \notin K$가 되어 교집합 연산에 대해서는 닫혀있지 않다.

계2.23   세분적 지식공간 (Q, K)에 대해서 다음은 서로 동치이다.

(1) K가 교집합 연산에 대해서 닫혀있다.

(2) Q의 각 원소에 대해서 원자가 유일하게 존재한다.

---

4. 추론관계

많은 경우 다양한 지식들이 서로 어떤 위계를 갖고 결합되어 있다. 어떤 지식을 습득하기 위해서는 필요한 선수학습의 과정이 있으며, 그 지식의 학습을 마치면 다음 단계의 상위 위계의 지식을 학습한다. 본 절에서는 지식공간으로부터 지식의 위계성을 추론하는 방법을 알아보자.

교과교육에서는 개념의 도입단계, 난이도 등 각각의 기준에 따라 독립적으로 위계를 분석하지만, 지식공간론을 이용하여 얻은 위계는 모든 분석 기준에 기반을 둔 종합적인 위계이다. 그러므로 학습의 방향과 학습내용의 선택에 있어서 보다 합리적인 위계 분석법이다.

정의2.24   지식구조 (Q, K)와 Q의 두 원소 p, q에 대하여 다음과 같이 정의하자.
$$p \leqslant q \Leftrightarrow p \in \bigcap K_q$$
이 때, Q에서의 관계 $\leqslant$를 **추론관계**(surmise relation)라 한다.

$p \in \bigcap K_q$는 "q를 포함하는 모든 지식상태는 p를 포함한다"는 것을 의미한다. 그러므로 학습의 과정으로 보면 p를 학습한 후에 q를 학습하여야 한다고 추론할 수 있다. 또한 "문항 q를 맞힌 학생은 문항 p를 맞힌 것으로 볼 수 있다"는 추론을 할 수 있다.

정리2.25 지식구조 (Q, K)와 Q의 두 원소 p, q에 대해서, 명제 $p \leqslant q$ 와 명제 $K_q \subseteq K_p$는 서로 동치이다.

[증명] $p \leqslant q$가 성립한다고 가정하자. 그러면 K_q의 모든 원소 K는 p를 포함한다. 그러므로 $K \in K_p$가 되므로 $K_q \subseteq K_p$가 성립한다.

역으로 K_q의 임의의 원소 L에 대해서 $L \in K_p$이다. 따라서, $p \in L$이므로 $p \in \bigcap K_q$가 성립하여, $p \leqslant q$이다. □

정리2.26 지식구조 (Q, K)에 대해서 다음이 성립한다.
(1) $(Q, \leqslant)$는 준순서 관계이다.
(2) (Q, K)가 구별적이면 $(Q, \leqslant)$는 순서 관계이다.

[증명] Q의 모든 원소 q에 대해서 $K_q \subseteq K_q$이므로 $q \leqslant q$이다. 즉, 관계 $(Q, \leqslant)$은 반사적이다. 또한, Q의 세 원소 p, q, r 사이에 $p \leqslant q$, $q \leqslant r$의 관계가 성립한다고 가정하면 $K_q \subseteq K_p$, $K_r \subseteq K_q$가 성립하므로 $K_r \subseteq K_p$이다. 즉, $p \leqslant r$가 성립한다. 따라서 관계 $(Q, \leqslant)$은 추이적이다. 그러므로 관계 $(Q, \leqslant)$는 준순서 관계이다.

(2)를 증명하기 위해서 (Q, K)가 구별적이라 하고, Q의 두 원소 p, q에 대해서 $p \leqslant q$임과 동시에 $q \leqslant p$가 성립한다고 가정하자. [정리 2.25]에 의해서 $K_q \subseteq K_p$와 $K_p \subseteq K_q$가 성립한다. 그러므로 $K_p = K_q$이다. 구별적이란 가정으로부터 $p = q$이

어야 한다. 따라서 관계 $(Q, \leqslant)$는 반대칭적이다. 이것은 관계 $(Q, \leqslant)$가 순서 관계임을 보인 것이다. □

【예제2.14】 $Q = \{a, b, c, d, e\}$에 대해서
$$K = \{\phi, \{a\}, \{b\}, \{a, b\}, \{b, c\}, \{a, b, c\}, \{b, c, e\}, \{a, b, c, e\}, \{a, b, c, d\}, Q\}$$
라 하면 (Q, K)는 지식구조이다. 또한,

$K_a = \{\{a\}, \{a, b\}, \{a, b, c\}, \{a, b, c, e\}, \{a, b, c, d\}, Q\}$

$K_b = \{\{b\}, \{a, b\}, \{b, c\}, \{a, b, c\}, \{b, c, e\}, \{a, b, c, e\}, \{a, b, c, d\}, Q\}$

$K_c = \{\{b, c\}, \{a, b, c\}, \{b, c, e\}, \{a, b, c, e\}, \{a, b, c, d\}, Q\}$

$K_d = \{\{a, b, c, d\}, Q\}$

$K_e = \{\{b, c, e\}, \{a, b, c, e\}, Q\}$

를 얻는다. 이들의 포함관계를 조사하여 보면

$$K_d \subseteq K_a, \ K_c \subseteq K_b, \ K_e \subseteq K_c, \ K_d \subseteq K_c$$

이다. 그러므로 추론관계로 표시하면

$$a \leqslant d, \ b \leqslant c, \ c \leqslant e, \ c \leqslant d$$

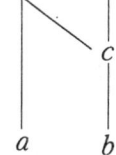

[그림 2-4]

를 얻을 수 있다. 이 관계를 핫세 다이어그램으로 나타내면 [그림 2-4]와 같다.

지식구조 (Q, K)만이 [그림 2-4]의 핫세 다이어그램을 나타내지는 않는다. 즉, 다른 지식구조가 같은 핫세 다이어그램을 나타낼 수 있다. 예를 들어, 지식구조 $(Q, K - \{b, c\})$도 같은 핫세 다이어그램을 나타낸다.

그러면 핫세 다이어그램으로부터 유일한 지식구조를 대응시키려면 지식구조를 어떻게 제한시켜야 되는지를 알아보자.

정의2.27 지식공간 (Q, K)에 대해서, K가 교집합 연산에 관해서 닫혀 있을 때 (Q, K)를 **준순서공간**(quasi ordinal space)이라 한다. 준순서공간 (Q, K)가 구별적일 때 (Q, K)를 **순서공간**(ordinal space)이라 한다.

다음 정리는 두 개의 준순서공간에 대하여 추론관계가 일치하면 같은 지식공간임을 알려준다. 물론, 명백하지만 역도 성립한다.

정리2.28 두 개의 준순서공간 (Q, K), (Q, K')에 대해서 다음은 서로 동치이다.
(1) Q의 두 원소 p, q에 대해서
$$K_p \subseteq K_q \Leftrightarrow K_p' \subseteq K_q'$$
이다.
(2) $K = K'$

[증명] 추론관계는 지식구조로부터 유도되므로 (2)가 성립하면 명백히 (1)이 성립한다. 보다 구체적으로 확인하기 위해서 지식상태를 이용하여 직접 포함관계가 성립하는 것을 보여도 된다.

 (1)의 성립을 가정하고 (2)가 성립함을 보이자. $K \in \mathbf{K}$라 하고, $L = \bigcup_{q \in K}(\bigcap K_q')$라 놓자. (Q, K')가 준순서공간이므로 $L \in \mathbf{K}'$이다. $\mathbf{K} \subseteq \mathbf{K}'$임을 보이기 위해서 $K = L$보이면 충분하다. L의 정의로부터 명백히 $K \subseteq L$가 성립한다. s가 L의 원소라면 집합 L의 정의로부터 K의 어떤 원소 q에 대해서 $s \in \bigcap K_q'$가 성립한다. 그러므로 q를 포함하는 K'의 모든 원소는 s를 포함한다. 즉, $K_q' \subseteq K_s'$이 성립한다. 그러므로 (1)로부터 $K_q \subseteq K_s$가 성립한다. $q \in K$이므로 $K \in \mathbf{K}_q$, 그러므로 $K \in \mathbf{K}_s$이다. 따라서 $s \in K$이므로 $L \subseteq K$이고, 결국 $L = K$를 증명하였다.

제2장 지식공간

같은 방법으로 K′⊆K임을 보일 수 있다. □

준순서공간과 준순서 관계에 대한 상호 관계를 조사하여 보자. 다음 정리에서 사용하는 일대일 대응은 상대를 특성화하는 함수이다.

정리2.29 집합 Q에 대해서 S를 Q에 정의되는 모든 준순서공간의 집합이라 하고, O를 Q에 정의되는 모든 준순서 관계의 집합이라 하자. 이 때, 다음과 같이 정의되는 함수 ι는 전단사이다.

$$\iota : S \to O \quad \iota(K) = R \quad (pRq \Leftrightarrow p \in \bigcap K_q)$$

또한, 함수 ι는 구별적인 순서공간 전체의 집합과 순서 관계 전체의 집합을 일대일로 대응시킨다.

[증명] [정리 2.26]에 의해서 함수 ι는 잘 정의되는 함수이다.

함수 ι가 단사임을 보이자. $\iota(K) = R$이라면 다음이 성립한다.

$$pRq \Leftrightarrow p \in \bigcap K_q \Leftrightarrow K_q \subseteq K_p$$

그러므로 $\iota(K') = \iota(K'') = R$이라면 Q의 두 원소 p, q에 대해서 다음이 성립한다.

$$K_p' \subseteq K_q' \Leftrightarrow qRp \Leftrightarrow K_p'' \subseteq K_q''$$

[정리 2.28]에 의해서 $K' = K''$이나. 따라서 함수 ι는 단사이다.

함수 ι가 전사 함수임을 보이자. O의 임의의 원소 R에 대해서

$$K = \{K \in 2^Q \mid pRq \text{ 이고 } q \in K \text{이면 } p \in K \text{이다}\}$$

라 놓자. 명백히 $\phi \in K$, $Q \in K$이다. $\{K_\alpha\}$를 K의 부분집합이라 하고, $L = \bigcap_\alpha K_\alpha$라 놓자. pRq이고 $q \in L$라고 하면, 모든 α에 대해서 $q \in K_\alpha$이므로 모든 α에 대해서 $p \in K_\alpha$가 성립한다. 그러므로 $p \in \bigcap_\alpha K_\alpha$이어서 $L \in K$이다. 합집합 연산에

대해서 닫혀있음을 보이기 위해서 $M = \bigcup_a K_a$라 하자. pRq이고 $q \in M$이라고 하면, 어떤 a에 대해서 $q \in K_a$이므로 $p \in K_a$이다. 따라서 $M \in K$이다. 이상은 (Q, K)가 준순서공간임을 보인 것이다.

$\iota(K) = R$임을 보이자. 만일 $\iota(K) = R'$이라면

$$pRq \Rightarrow p \in \bigcap K_q \Rightarrow pR'q$$

가 성립한다. 한편, $pR'q$라 가정하면 함수 ι의 정의에 의해서 $p \in \bigcap K_q$이다. 만일 $(p, q) \notin R$이라고 가정하자. 그리고 $M_q = \{r \in Q \mid rRq\}$라 놓으면 M_q의 모든 원소 r에 대해서 rRq가 성립한다. 만일 $r \in M_q$, $r'Rr$이라고 하면 $r'Rr$, rRq이므로 $r'Rq$가 성립하고, 따라서 $r' \in M_q$이다. 그러므로 지식공간 K의 정의로부터 $M_q \in K$이다. 즉, $M_q \in K_q$가 성립한다. 또한, p에 대한 가정으로부터 $p \notin M_q$이다. 따라서 $p \notin \bigcap K_q$가 되어 모순이다. 이것은 두 개의 준순서 관계 R, R'가 일치함을 보인 것이며, 그러므로 함수 ι는 전사이다.

(Q, K)가 구별적이면 [정리 2.26]의 (2)에 의해서 $\iota(K)$는 순서 관계이다. R이 순서 관계라 가정하고 위에 정의한 K가 구별적임을 보이자. Q의 서로 다른 두 원소 p, q에 대해서 $K_p = K_q$라 가정하자. 그러면 $K_p \subseteq K_q$이고 $K_q \subseteq K_p$이다. 그러므로 qRp이고 pRq이어서 $p = q$가 성립한다. 이것은 모순이므로 $K_p \neq K_q$이고, 따라서 (Q, K)는 구별적이다. □

[정리 2.29]에서 $\iota(K) = R$인 관계를 만족할 때, K는 **R로부터 유도된 준순서공간**이라고 하고, R은 **K로부터 유도된 준순서 관계**라 한다.

위 정리의 증명과정에서 알 수 있듯이 준순서 관계는 일련의 과정을 거쳐 준순서공간을 생성함을 알았다. 그러나 보다 일반적인 관계라도 준순서공간를 생성한다. 위의 증명 과정에서 지식공간 K가 준순서공간임을 보이는 부분에서 관계

제2장 지식공간

R이 준순서 관계라는 성질을 전혀 사용하지 않았다. 그러므로 다음 정리가 성립한다.

> **정리2.30**　집합 Q와 Q에 정의된 관계 R에 대해서
> $$\mathrm{K} = \{K \in 2^Q \mid pRq \text{ 이고 } q \in K \text{이면 } p \in K \text{이다 }\}$$
> 라 하면, (Q, K)는 준순서공간이다.

역시, 이 경우도 같은 용어를 사용한다. 즉, K는 관계 R로부터 유도된 준순서공간이라 한다.

【예제2.15】　$Q = \{a, b, c\}$와 관계 $R = \{(a, b), (a, c)\}$에 대해서 관계 R로부터 유도된 준순서공간 K를 구하여 보자. 우선, 집합 Q의 모든 부분집합을 구한다.

$$\phi, \{a\}, \{b\}, \{c\}, \{a,b\}, \{b,c\}, \{a,c\}, \{a,b,c\}$$

K를 위의 부분집합 중에서 하나라 할 때, 명제 "$(p, q) \in R$이고 $q \in K$이면 $p \in K$이다"를 만족하는 K만 가려내면 된다. 이해를 돕기 위해서 몇 가지만 설명하여 보자. $K = \phi$인 경우, 원소가 없으므로 위의 명제는 거짓이 아니다. 즉, 참이므로 K의 원소가 된다. $K = \{b, c\}$인 경우, $q = b$와 $q = c$의 경우로 나누어서 생각하면 관계 R로부터 $a \in K$이어야 한다. 그런데 $a \notin K$이므로 $K \notin \mathrm{K}$이다. 이러한 방법을 위의 나머지 모든 부분집합에 적용하면 준순서공간 K를 얻을 수 있다. 이것은 다음과 같다.

$$\mathrm{K} = \{\phi, \{a\}, \{a, b\}, \{a, c\}, Q\}$$

제3장 구현 알고리즘

지식공간론은 평가문항에 대한 구체적 배경지식과 관계없이 지식상태만을 토대로 이론을 전개하는 특징을 갖고있다. 그러므로 지식상태라는 입력 정보만으로 다양한 평가 결과를 나타내는 유용한 출력 정보를 얻을 수 있다.

지식상태란 하나의 집합으로 표현할 수 있으므로 본 장에서는 집합의 연산에 대한 알고리즘을 소개하고, 이를 이용하여 주어진 지식공간으로부터 기저를 발견하는 알고리즘과 역으로 주어진 기저로부터 지식공간을 구하는 알고리즘을 소개한다. 본 장에서 문항들의 집합 Q는 항상 유한집합이라고 가정할 것이다. 따라서 Q에 대한 지식공간 K도 유한집합이다.

1. 집합의 기본연산

문항집합 Q의 원소는 n개라 가정하자. 그러면 집합 Q의 원소를

$$q_1, q_2, \cdots, q_n$$

과 같이 배열할 수 있다. 이 때, Q의 부분집합 A에 대해서, 집합 A를 다음과 같은 배열 $A[j]$ ($j=1, \cdots, n$)로 표현하자.

$$A[j] = \begin{cases} 1, & q_j \in A \\ 0, & q_j \notin A \end{cases}$$

대부분의 경우 우리는 Q를 전체집합으로 보고, 이 집합에 대한 부분집합을 고려하기 때문에 수 n을 생략하여도 혼돈이 없을 것이다. 또한 배열 $A[j]$가 주어

지면 간단히 Q의 부분집합 A를 구성할 수 있다. 그러므로 Q의 부분집합 A를 배열 $A[j]$와 동일하게 취급한다.

정리3.1 집합 Q의 부분집합 A, B에 대해서, $A \subseteq B$이기 위한 필요충분조건은 $A[j]=1$을 만족하는 모든 j에 대해서 $B[j]=1$이 성립하는 것이다.

[증명] 집합 Q의 원소를 어떤 일대일 대응을 사용하여 $Q=\{1,2,\cdots,n\}$으로 놓자. 만일 $A \subseteq B$라 가정하고 어떤 $j \in Q$에 대해서 $A[j]=1$이라 하자. 그러면 $j \in A$를 의미하므로 가정으로부터 $j \in B$가 성립한다. 따라서 $B[j]=1$이다.

역으로, $A[j]=1$을 만족하는 모든 j에 대해서 $B[j]=1$이 성립한다고 가정하자. $j \in A$라면 $A[j]=1$이다. 그러므로 가정으로부터 $B[j]=1$이 되며, 따라서 $j \in B$가 성립한다. □

【예제3.1】 집합 $Q=\{1,2,3,4,5,6\}$의 부분집합
$$A=\{2,4,6\}, \quad B=\{1,2,4,5,6\}$$
를 생각하자. $A[j]=1$이 성립하는 j는 2, 4, 6만이다. 또한 $B[j]=1$을 만족하는 j는 1, 2, 4, 5, 6이다. 그러므로 $A[j]=1$을 만족하는 모든 j에 대해서 $B[j]=1$이 된다.

정리3.2 집합 Q의 부분집합 A, B에 대해서 다음이 성립한다.
(1) $C=A \cup B$ 라면 $C[j]=A[j] \vee B[j]$이다.
(2) $D=A \cap B$ 라면 $D[j]=A[j] \wedge B[j]$이다.
여기서, 0 또는 1인 a와 b에 대해서
$$a \vee b = \begin{cases} 0, & a=b=0 \text{ 일 경우} \\ 1, & \text{그 밖의 경우} \end{cases} \qquad a \wedge b = \begin{cases} 1, & a=b=1 \text{ 일 경우} \\ 0, & \text{그 밖의 경우} \end{cases}$$
로 나타낸다.

【예제3.2】 집합 $Q=\{a,b,c,d,e\}$의 부분집합 $A=\{a,c\}$, $B=\{b,c,d\}$를 배열로 표현하여 보자. a의 포함여부는 배열의 첫 번째에, b의 포함여부는 배열의 두 번째에, $\cdots$, e의 포함여부는 배열의 다섯 번째에 표현하자. 이들 원소가 포함되면 1로, 포함되지 않으면 0으로 기록한다. 그러면 두 집합 A, B는 다음과 같이 표현된다.

$$A[1]=1,\ A[2]=0,\ A[3]=1,\ A[4]=0,\ A[5]=0$$
$$B[1]=0,\ B[2]=1,\ B[3]=1,\ B[4]=1,\ B[5]=0$$

$C=A\cup B$를 얻기 위해서 이러한 배열에 연산 $\vee$를 실행하면

$$C[1]=1,\ C[2]=1,\ C[3]=1,\ C[4]=1,\ C[5]=0$$

이 된다. 그러므로 $C=\{a,b,c,d\}$이다.

$D=A\cap B$를 구하기 위해서 위의 두 배열 $A[j]$, $B[j]$에 연산 $\wedge$를 실행하면

$$D[1]=0,\ D[2]=0,\ D[3]=1,\ D[4]=0,\ D[5]=0$$

이므로 $D=\{c\}$이다.

2. 기저 발견 알고리즘

평가문항의 집합 Q가 m개의 원소로 이루어져 있고, 이것에 대한 지식공간 K가 n개의 지식상태로 구성되었다고 하자. 이 때 $K=\{K_1, K_2, \cdots, K_n\}$는 다음과 같은 조건을 만족한다고 가정하여도 일반성을 잃지 않는다.

$i,j=1,2,\cdots,n$에 대해서 $K_i \subset K_j$이면 $i<j$를 만족한다

실은 K의 원소로 구성된 지식상태에 대해서 원소의 수가 같으면 임의의 순으로

하고, 그리고 원소의 수가 다르면 보다 많은 원소를 갖는 지식상태에 보다 큰 첨자를 붙인다. 이 경우 같은 원소의 수를 갖는 지식상태들 사이에는 포함관계 "$\subset$"가 성립하지 않으므로 위 조건의 가정부분을 만족하지 않으므로 결론부분을 만족할 필요는 없다. 한편, 포함관계 $K_i \subset K_j$를 만족하면 $\#(K_i) < \#(K_j)$가 성립하므로 앞의 방법에 따라 첨자를 붙였다면 $i < j$를 만족하여야 한다. 특히 $K_1 = \phi$, $K_n = Q$가 된다.

평가문항의 집합 $Q = \{q_1, q_2, \cdots, q_m\}$과 지식공간 $K = \{K_1, K_2, \cdots, K_n\}$로부터 다음과 같은 과정으로 기저를 구성할 수 있다.

(1) $n \times m$배열 $T[i,j]$를 선언한다.

Q의 원소 K의 원소	q_1	q_2	$\cdots$	q_m
K_1				
K_2				
$\vdots$				
K_n				

(2) K_i가 q_j를 포함하면 셀 $T[i,j]$에 *로 표시하고 그렇지 않으면 -로 표시한다.

(3) 셀 $T[i,j]$가 *로 표시되어 있고 i보다 작은 수 l에 대해서 $q_j \in K_l \subset K_i$를 만족하면 *를 +로 대체한다.

(4) $\mathcal{B} = \{K_i | T[i,j] = *, i = 1, 2, \cdots, m, \ j = 1, 2, \cdots, n\}$를 구성한다.

위의 과정에서 구성한 집합 $\mathcal{B}$가 지식공간 K의 기저가 된다.

제3장 구현 알고리즘

【예제3.3】 $Q=\{a,b,c\}$, $K=\{\phi, \{a\}, \{a,b\}, \{b,c\}, \{a,b,c\}\}$라 하면 (Q, K)는 지식공간이 된다. 이 공간의 기저를 구하여 보자. 위의 (1)은 다음과 같은 배열을 만드는 과정이다.

K \ Q	a	b	c
ϕ			
$\{a\}$			
$\{a, b\}$			
$\{b, c\}$			
$\{a, b, c\}$			

(2)의 과정은 각 셀에 * 또는 - 표시를 한다.

K \ Q	a	b	c
ϕ	-	-	-
$\{a\}$	*	-	-
$\{a, b\}$	*	*	-
$\{b, c\}$	-	*	*
$\{a, b, c\}$	*	*	*

(3)의 과정은 * 표시를 한 셀에 대해서 위에서 제시한 조건이 성립하면 *대신 +로 표시한다. 예를 들어, 지식상태 $\{a, b\}$인 경우 a를 포함하는 $\{a, b\}$의 진부분집합 $\{a\}$가 있으므로 a열과 $\{a, b\}$행이 만나는 셀은 *를 +로 바꾼다. 같은 방법을 모든 셀에 적용하면 배열은 다음과 같이 변화한다.

K \ Q	a	b	c
ϕ	-	-	-
$\{a\}$	*	-	-
$\{a, b\}$	+	*	-
$\{b, c\}$	-	*	*
$\{a, b, c\}$	+	+	+

(4)의 과정에서는 셀이 *를 포함하는 지식상태를 모두 모은다. 이 집합을 B라 하면

$$B = \{\{a\}, \{a, b\}, \{b, c\}\}$$

가 되고 이것은 지식공간 (Q, K)의 기저가 된다. 특히, (3)은 원자가 아닌 지식상태를 제외하는 과정임을 주의하자. 그러므로 집합 B는 Q의 각 원소의 원자들의 집합이다.

3. 지식공간 구성 알고리즘

평가문항 전체의 집합 Q에 대해서 기저 B로부터 지식공간 K를 구성하는 방법을 생각하자. 이 알고리즘은 지식공간의 활용에서 보면 반드시 필요하다. 예를 들어, $\#(Q) = 20$일 때 가능한 지식상태의 최대수는 $2^{20} = 1,048,576$이므로 이러한 지식상태 모두를 컴퓨터의 기억장치에 저장하여 관리하는 것은 비효율적이다.

지식공간 K는 기저 B에 포함되는 임의의 원소들의 합집합을 모두 구함으로써 가능하다. 단, B의 원소를 전혀 택하지 않은 경우의 합집합은 공집합 ϕ라 하자.

특히 $\mathcal{B}$의 모든 원소의 합집합은 전체집합 Q가 된다.

편의상 $\mathcal{B} = \{B_1, B_2, \cdots, B_p\}$라 하자. 그러면 다음의 과정을 차례로 진행하면 지식공간 K가 얻어진다.

(1) $G_0 = \{\phi\}$라 놓자.

(2) $i = 1, 2, \cdots, p$에 대해서
$$G_i = G_{i-1} \cup \{A \cup B_i | A \in G_{i-1}\}$$
를 구성한다. 이 단계에서는 $i = 1$에서부터 순차적으로 $i = p$까지 구하여야 한다.

(3) (2)의 과정에서 최종적으로 얻어진 G_p가 구하려는 지식공간 K라 할 수 있다.

【예제3.4】 [예제 3.3]에서 구성한 기저
$$\mathcal{B} = \{\{a\}, \{a, b\}, \{b, c\}\}$$
로부터 생성되는 지식공간 K를 발견하자. 우선,
$$B_1 = \{a\}, \quad B_2 = \{a, b\}, \quad B_3 = \{b, c\}$$
그리고 $G_0 = \{\phi\}$라 놓자. 그러면 차례로
$$G_1 = \{\phi, \{a\}\}$$
$$G_2 = \{\phi, \{a\}, \{a, b\}\}$$
$$G_3 = \{\phi, \{a\}, \{a, b\}, \{b, c\}, \{a, b, c\}\}$$
를 얻는다. 그러므로 $K = \{\phi, \{a\}, \{a, b\}, \{b, c\}, \{a, b, c\}\}$이다.

위의 예제에서 보면 G_3의 원소 $\{a, b, c\}$는 다음의 두 가지 방법에 의해서 얻

을 수 있었다.

$$\{a, b, c\} = \{a\} \cup B_3, \quad \{a, b, c\} = \{a, b\} \cup B_3$$

그러므로 같은 지식상태를 얻기 위해서 연산이 반복되었으며, 이러한 과정은 프로그램의 실행 속도를 저하시키는 원인이 된다. 그러므로 알고리즘의 단계(2)를 개선하여 불필요한 연산 단계를 제거하여 보자.

지식공간 (Q, K)와 집합 B에 대해서 K에서의 관계 R을 다음과 같이 정의하자.

$$R = \{(K, L) \in K \times K \mid K \cup B = L \cup B\}$$

그러면 관계 R은 집합 K에서의 동치관계임을 쉽게 확인할 수 있다. 그러므로 관계 R에 의한 K의 분할 $K_1, K_2, \cdots, K_l$를 생각할 수 있다.

각 동치류 K_i는 포함관계의 의미에서 가장 큰 집합 M_i를 포함한다. 즉, K_i의 어떤 원소 M_i가 존재하여, 모든 $K \in K_i$ 대해서 $K \subseteq M_i$를 만족한다. 이러한 M_i의 존재는 $\cup K_i \in K_i$이므로 $M_i = \cup K_i$라 놓으면 된다. 그러므로 모든 $K \in K_i$에 대해서 $K \cup B = M_i \cup B$이다. 따라서 K_i의 원소 중에서 위의 조건을 만족하는 M_i를 알면 위에서 제기한 불필요한 단계를 제거할 수 있다.

K의 원소 M_i는 다음과 같이 표현할 수 있다.

"K의 원소 K에 대해서 $K \cup B = M_i \cup B$를 만족하면 $K \subseteq M_i$이다"

그러므로 이러한 조건을 만족하는 M_i를 모두 가려내어 B와 합집합 연산을 수행하면 된다. 나머지 K의 원소에 대해서 B와 합집합 연산을 하는 것은 불필요하다.

일반적으로 K는 많은 원소로 이루어져 있다. 그러므로 동치류의 대표자 M_i를 가려내기 위해서 많은 단계의 확인과정을 거쳐야 한다. 그러나 다음 정리는 대표자 M_i를 가려내기 위해서 지식공간 (Q, K)의 기저를 이용하므로 보다 효율적인 알고리즘 개발에 기반을 제공한다.

정리3.3 (Q, K)는 기저 $\mathcal{B}$를 갖는 지식공간이라 하자. 임의의 집합 T와 K의 원소 M에 대해서, 다음 두 명제는 서로 동치이다.

(1) $K \cup T = M \cup T$를 만족하는 K의 모든 원소 K에 대해서 $K \subseteq M$이다.

(2) $B \subseteq M \cup T$를 만족하는 $\mathcal{B}$의 모든 원소 B에 대해서 $B \subseteq M$이다.

[증명] (1)의 성립을 가정하고 (2)가 성립함을 보이자. $\mathcal{B}$의 원소 B가 $B \subseteq M \cup T$라 하면

$$M \cup T = (M \cup T) \cup B = (M \cup B) \cup T$$

가 성립한다. 또한, $M \cup B \in K$이므로 (1)로부터 $M \cup B \subseteq M$이어서 $B \subseteq M$이다.

(2)의 성립을 가정하자. K의 원소 K에 대해서 $K \cup T = M \cup T$가 성립한다고 가정하자. 그러면 $\mathcal{B}$는 K의 기저이므로

$$K = \bigcup_\alpha B_\alpha, \quad B_\alpha \in \mathcal{B}$$

로 표시할 수 있다. 가정으로부터 $K \subseteq M \cup T$가 성립하므로, 모든 α에 대해서 $B_\alpha \subseteq M \cup T$가 성립하고 (2)로부터 $B_\alpha \subseteq M$이다. 따라서 포함관계 $K \subseteq M$이 성립한다. □

다시 알고리즘의 단계(2)로 돌아가서 논하자. [정리 3.3]은 단계(2)를 개선하는 데 도움을 주며, 연산

$$A \cup B_i, \quad A \in G_{i-1}$$

의 회수를 줄일 수 있다. 줄이는 방법으로 G_{i-1}에 속하는 대표자 M들을 골라

$M \cup B_i$만을 계산하면 된다. 그러나 이러한 대표자에 대한 연산 $M \cup B_i$의 결과가 이미 앞 단계에 포함되어 있을 수 있다. 즉, $M \cup B_i \in G_{i-1}$일 수도 있다. 이러한 지식상태를 얻기 위해서 또 다시 연산을 실행하는 것은 불필요하다. 그렇다고 G_{i-1}의 모든 원소 G에 대해서 $G = M \cup B_i$가 성립하는지 어떤지를 확인하는 것도 프로그램의 실행 속도에 큰 지장을 준다. 이러한 문제를 해결하기 위해서 다음 정리를 활용할 수 있다.

> **정리3.4** (Q, K)는 기저 B를 갖는 지식공간이라 하자. 또한 K의 원소 M, 집합 T에 대해서 [정리 3.3]의 (2)를 만족한다고 하자. 그러면 $M \cup T \in K$이기 위한 필요충분조건은 $T \sqsubseteq M$이다.

[증명] $T \sqsubseteq M$가 성립하면 $M \cup T = M$이므로 $M \cup T \in K$가 성립한다.

반대의 경우를 보이기 위해서 $M \cup T \in K$가 성립한다고 가정하자. 그러면 B가 기저이므로

$$M \cup T = \bigcup_a B_a, \quad B_a \in B$$

로 표현된다. 그러므로 $B_a \sqsubseteq M \cup T$가 성립하고, [정리 3.3]의 (2)로부터 모든 a에 대해서 $B_a \sqsubseteq M$이 성립한다. 이것은 $M \cup T \sqsubseteq M$가 성립함을 보이므로 $T \sqsubseteq M$이다. □

위의 정리를 변형하면 $M \cup T \notin K$이기 위한 필요충분조건은 $T \not\sqsubseteq M$이 성립하는 것이다.

이상의 두 정리로부터 다음과 같은 개선된 알고리즘을 얻을 수 있다.

제3장 구현 알고리즘

[알고리즘]

기저 $B = \{B_1, B_2, \cdots, B_p\}$ 로부터 지식공간 K 생성하기

INPUT $B = \{B_1, B_2, \cdots, B_p\}$

OUTPUT K

(1) $G_0 = \{\phi\}$

(2) For $i = 1, 2, \cdots, p$ do:

　　$H = \phi$

　　For each $G \in G_{i-1}$ check whether

　　　　$B_i \not\subseteq G$ and For $j = 1, 2, \cdots, i-1$ check whether

　　　　　　$B_j \subseteq G \cup B_i \Rightarrow B_j \subseteq G$

　　If true, $H = H \cup \{G \cup B_i\}$

　　$G_i = G_{i-1} \cup H$

(3) $K = G_p$

제4장 학습과정

다수의 평가 대상자로부터 얻은 평가 결과를 다른 학습자에 대한 학습과정의 설계에 이용할 수 있다. 또한, 이것이 진단평가라면 학습자의 학습 결손을 메우기 위한 과정으로도 생각할 수 있다. 앞에서 지식상태를 성실한 평가에서 얻은 정답 문항의 집합으로 도입하였다. 이러한 다수의 지식상태를 분석하면 지식상태들의 변화 과정을 알 수 있으며, 이러한 과정에 거리 개념을 도입하여 학습과정의 비교가 가능하도록 하는 방법을 소개한다.

1. 경로

한 학생에 대한 일련의 학습과정을 몇 단계로 나누어 평가를 실시하면, 각 단계에서 얻은 지식상태들은 포함관계를 갖는 하나의 열로 표시될 것이다. 이 때, 우리의 관심은 이러한 지식상태의 열이 무엇인가이다. 물론, 학습이 끝난 시점에서는 이러한 열을 얻을 수 있다. 그러나 한 학습자의 학습과정을 설계하는 단계에서는 이와 같은 지식상태의 열을 예상하는 것은 매우 난해하다. 그러므로 다수의 학생들을 대상으로 평가를 실시하고, 여기서 얻은 지식상태를 분석하여 학습과정의 설계에 도움을 주는 열을 구성하는 방법을 택한다.

우선, 학습경로를 정의하자. 학습경로와 학습과정은 유사한 용어이지만 학습경로는 이론적으로 가능한 학습의 절차이지만, 학습과정은 효율성을 고려한 학습경로로 이해하자.

정의4.1 근본적 유한인 지식구조 (Q, K)에 대해서 $\{K_j\}$를 K에 속하는 원소의 열이라 하자. 이 때, 열 $\{K_j\}$가 부분순서집합 $(K, \subseteq)$의 최대 연쇄일 때 **학습경로**(learning path)라 한다.

지식구조 (Q, K)에서 열 $\{K_j\}$가 학습경로이면 반드시 공집합 ϕ와 전체집합 Q를 포함한다. 열 $\{K_j\}$가 증가열일 경우 즉, $K_1 \subset K_2 \subset \cdots \subset K_n$일 때 $K_1 = \phi$, $K_n = Q$가 된다. 그러므로 학습경로란 전혀 학습이 안된 상태에서 완전학습에 도달하는 경로이다.

다음의 열과 같이 각 항에 하나의 원소를 첨가하여 다음의 항이 얻어지는 학습경로를 점진적 경로라 한다.

$$\phi \subset \{q_1\} \subset \{q_1, q_2\} \subset \{q_1, q_2, q_3\} \subset \cdots \subset Q$$

그러므로 점진적 경로가 존재하려면 대상으로 하는 지식구조는 구별적이어야 한다. 따라서, 점진적 경로가 존재하는 지식구조는 너무 제한적이므로 뒤에서 새로 정의하도록 하자. 점진적 경로란 각 학습의 단계가 단 하나의 개념만으로 구별되는 것을 의미한다.

【예제4.1】 구별적인 지식구조는 항상 점진적 경로를 갖는 것은 아니다. 예를 들어 보자. 집합 $Q = \{a, b, c\}$에 대해서 $K = \{\phi, \{a, b\}, \{b, c\}, \{a, c\}, Q\}$라 하자. 이 때, 지식구조 (Q, K)는 구별적이며, 모든 학습경로는 $\phi \subset \{x, y\} \subset Q$와 같은 형태이다. 그러므로 점진적 경로는 존재하지 않는다.

【예제4.2】 집합 $S = \{a, b, c, d, e, f\}$에 대해서
$$D = \{\phi, \ \{d\}, \{a, c\}, \{e, f\}, \{a, b, c\}, \{a, c, d\}, \{d, e, f\},$$
$$\{a, b, c, d\}, \{a, c, e, f\}, \{a, c, d, e, f\}, S\}$$

라 하면, (S,D)는 지식구조이며, 지식상태들의 포함관계를 도식화하면 [그림 4-1]과 같다. 이 지식구조를 분석하여 보면 a와 c, e와 f는 각각 동일 개념의 문항들이다. 그러므로 a를 학습하면 동시에 c를 학습하는 것이 되고, e를 학습하면 동시에 f를 학습하는 것이 된다.

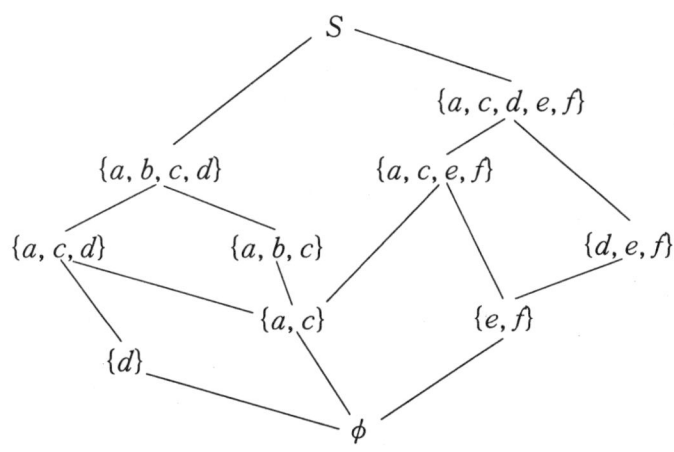

[그림 4-1] 지식상태의 포함관계

지식구조 (S, D)는 다음과 같은 학습경로를 갖는다.

$$\phi \subset \{d\} \subset \{a, c, d\} \subset \{a, b, c, d\} \subset S$$

학습이란 일반적으로 개념별로 이루어지므로 지식상태 $\{d\}$에서 지식상태 $\{a, c, d\}$로 변화하기 위해서는 문항 a에 관련하는 개념만 학습하면 된다. 또한, 지식상태 $\{a, b, c, d\}$에서 지식상태 S로 변화하는 것도 하나의 개념만 학습하면 된다. 그러므로 이러한 경로도 점진적 경로로 보는 것이 타당하며, 따라서 점진적 경로란 지식구조 (S^*, D^*)에서 정의하는 것이 합리적이다. 위의 학습경로를 지식구조 (S^*, D^*)에서 표현하면 다음과 같다.

$$\phi^* \subset \{d^*\} \subset \{a^*, d^*\} \subset \{a^*, b^*, d^*\} \subset S^* = \{a^*, b^*, d^*, e^*\}$$

두 개의 지식상태에 대한 거리를 정의하기 위해서 두 집합간의 거리 d를 정의하자. 두 개의 유한집합 A, B에 대해서

$$d(A, B) = \#(A \triangle B)$$

라고 정의하자. 여기서 $A \triangle B = (A-B) \cup (B-A)$ 이다([그림 4-2]).

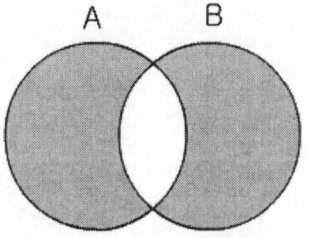

[그림 4-2] 집합 $A \triangle B$

정리4.2 유한집합 Q에 대해서 A, B, C를 Q의 부분집합이라 하자. 이 때, d는 다음 성질을 만족한다.
(1) $d(A, B) = 0 \Leftrightarrow A = B$
(2) $d(A, B) = d(B, A)$
(3) $d(A, B) \leq d(A, C) + d(C, B)$ (삼각부등식)

[증명] (1)이 성립함을 보이자. $d(A, B) = 0$라 가정하면 $A - B = \phi$, $B - A = \phi$가 성립하며, 따라서 $A \subseteq B$, $B \subseteq A$가 성립한다. 그러므로 $A = B$가 된다. 역은 명백히 성립한다. 또한, $A \triangle B = B \triangle A$이므로 (2)가 성립한다.

(3)이 성립함을 보이기 위해서 포함관계

$$A \triangle B \subseteq (A \triangle C) \cup (C \triangle B) = (A-C) \cup (C-A) \cup (C-B) \cup (B-C)$$

가 성립하는 것을 보이면 충분하다. $x \in A \triangle B$라면 $x \in A - B$ 또는 $x \in B - A$가 성립한다. 먼저, $x \in A - B$라 가정하자. 그러면 $x \in A$이지만 $x \notin B$이다. 또

한, 이 경우 $x \in C$ 이거나 $x \notin C$이다. $x \in C$라면 $x \in C-B$이고, $x \notin C$라면 $x \in A-C$이다. 그러므로 어느 경우에나 $x \in (A \triangle C) \cup (C \triangle B)$가 성립한다.

한편 $x \in B-A$ 즉, $x \in B$이고 $x \notin A$라 가정하자. 이 경우도 $x \in C$ 또는 $x \notin C$이다. $x \in C$라면 $x \in C-A$이고, $x \notin C$라면 $x \in B-C$이다. 이것은 $x \in (A \triangle C) \cup (C \triangle B)$인 것을 보이며, 결국 포함관계 $A \triangle B \subseteq (A \triangle C) \cup (C \triangle B)$가 성립한다. □

정리4.3 근본적 유한인 지식구조 (Q, K)와 두 개의 지식상태 A, B 대해서
$$e(A, B) = d(A^*, B^*)$$
라 정의하면 다음이 성립한다.
(1) $e(A, B) = 0 \Leftrightarrow A = B$
(2) $e(A, B) = e(B, A)$
(3) 임의의 $C \in K$에 대해서 $e(A,B) \leq e(A, C) + e(C, B)$ (삼각부등식)

[증명] $e(A, B) = 0$라 가정하면 $d(A^*, B^*) = 0$이므로 $A^* = B^*$가 성립한다. 만일 $x \in A-B$인 x가 존재하면 $x^* \in A^*$이지만 $x^* \notin B^*$이다. 이것을 확인하자. $x^* = y^*$인 $y \in B$가 존재한다면 y를 포함하지만 x를 포함하지 않는 지식상태 B가 존재함을 나타낸 것으로 이것은 $x^* = y^*$에 모순이다. 그러므로 $x^* \in A^* - B^*$이다. 이것은 모순이다. 따라서 $A \subseteq B$가 성립하며, 같은 방법으로 $B \subseteq A$도 성립한다. 그러므로 $A = B$가 성립한다. 역은 명백하다.

(2)와 (3)은 [정리 4.2]로부터 바로 유도된다.   □

K에 정의되는 거리함수 e를 **진거리**(essential distance)라 한다. 앞으로 진거리를 이용하여 두 지식상태의 차이를 표현하자.

> **정의4.4** 근본적 유한인 지식구조 (Q, K)에 대해서 P를 학습경로라 하자.
> 이 때, $P-\{Q\}$의 각 원소 K에 대해서 $K \cup q^* \in P$를 만족하는 $q \in Q-K$가 존재하면, P를 **점진적 경로**(gradation)라 한다.

P가 점진적 경로이면 Q를 제외한 모든 P의 원소 K에 대해서 단 하나의 개념이 첨가된 지식상태 $K \cup q^*$가 P에 포함됨을 의미한다. 이것은 P의 원소를 포함관계의 관점에서 올림차순으로 정렬하면 Q가 아닌 P의 원소는 하나의 개념만이 첨가된 직후자가 존재하는 것을 말해준다. 이 사실은 ϕ가 아닌 P의 원소는 하나의 개념만이 제외된 직전자를 갖는다와 동치임을 다음의 정리로 알 수 있다.

> **정리4.5** 근본적 유한인 지식구조 (Q, K)에 대해서 P를 학습경로라 하자.
> 이 때, 다음은 서로 동치이다.
> (1) $P-\{Q\}$의 각 원소 K에 대해서 $K \cup q^* \in P$를 만족하는 $q \in Q-K$가 존재한다.
> (2) $P-\{\phi\}$의 각 원소 K에 대해서 $K-q^* \in P$인 $q \in K$가 존재한다.

[증명] (1)을 가정하자. $K \in P-\{\phi\}$라 하고 $X = \bigcup \{S \in P \mid S \subset K\}$ 라 놓으면 P는 연쇄이고 유한집합이므로 $P \subset K$이고 $P \in P$인 어떤 P에 대해서 $X = P$이다. 그러므로 $X \subset K$, $X \in P$가 성립한다. 그러므로, 어떤 $q \in Q-X$에 대해서 $X \cup q^* \in P$이다. 이러한 q에 대해, $q \notin K$라면 $X \subset K \subset X \cup q^*$가 성립한다. 왜냐하면, P가 연쇄이므로 $X \cup q^* \subseteq K$ 또는 $K \subset X \cup q^*$가 성립하여야 하고, $q \notin K$이므로 가능한 포함관계는 $K \subset X \cup q^*$만이다. 그러므로 포함관계 $X^* \subset K^* \subset X^* \cup \{q^*\}$가 성립하며, $n = \#(X^*)$라 하면 $n < \#(K^*) < n+1$가 성립한다. 이것은 모순이다. 그러므로 $q \in K$가 성립하며, 따라서 $X \cup q^* \subseteq K$가 성립한다. 만일 $X \cup q^* \subset K$라

고 가정하면 X의 정의로부터 $q \in X$가 성립하여야 한다. 이것은 $q \in Q - X$인 것에 모순이다. 결국 $X \cup q^* = K$이어야 하며, 이것은 $q \in K$, $K - q^* = X$이므로 $K - q^* \in \mathcal{P}$가 성립함을 보인다.

(2)를 가정하고, $\mathcal{P} - \{Q\}$의 임의의 원소 K를 생각하자. 그리고 $Y = \bigcap \{P \in \mathcal{P} \mid K \subset P\}$라고 하면, $K \subset P$를 만족하는 어떤 $P \in \mathcal{P}$에 대해서 $Y = P$로 표시할 수 있다. $K \subset Y$이므로 $Y \neq \phi$이다. 그러므로 어떤 $q \in Y$에 대해서 $Y - q^* \in \mathcal{P}$를 만족한다. 만일 이러한 q에 대해서 $q \in K$라고 가정하자. 그러면 $\mathcal{P}$가 연쇄이므로 $Y - q^* \subset K$이고, 따라서 $Y^* - \{q^*\} \subset K^* \subset Y^*$가 성립한다. 그러므로 $\#(Y^*) = n$이라면 $n - 1 < \#(K^*) < n$를 만족하여야 하는데 이것은 불가능하다. 즉, 모순이다. 그러므로 $q \notin K$이어야 한다. 결국, 가능한 포함관계는 $K \subseteq Y - q^*$이다. 만일 $K \subset Y - q^*$라면 Y의 정의로부터 $Y \subseteq Y - q^*$가 성립하여야 하는데 이것은 $q \in Y$이므로 모순이다. 그러므로 $q \notin K$, $K = Y - q^*$가 성립하며, 따라서 $K \cup q^* \in \mathcal{P}$이다. $\square$

정의4.6 지식구조 (Q, K)를 근본적 유한이라 하자. 이 때, K의 임의의 원소 K, L에 대해서 다음의 조건(1), (2), (3)을 만족하고 K에 속하는 열 $\{K_j\}_{j=0}^{h}$가 존재할 때 (Q, K)는 **단계적**(well-graded)이라 한다.

(1) $K = K_0$, $L = K_h$

(2) $e(K_j, K_{j+1}) = 1 \quad j = 0, 1, 2, \cdots, h-1$

(3) $e(K_{j+1}, L) < e(K, L) \quad j = 0, 1, 2, \cdots, h-1$

열 $\{K_j\}_{j=0}^{h}$가 (1)과 (2)를 만족하면 $\{K_j\}_{j=0}^{h}$는 K와 L을 **연결하는 경로** (path connecting K and L) 또는 **1-연결**(1-connected) **경로**라 한다. 또한, (3)의 성질을 만족하면, 이 경로는 **유계**(bounded)라 한다.

근본적 유한인 지식구조 (Q, K)가 단계적이라는 것은 임의의 서로 다른 두개의 지식상태 K, L에 대해서 K와 L을 연결하는 유계인 경로가 존재하는 것을 의미한다.

(Q, K)가 단계적이라면 두 개의 서로 다른 지식상태 K, L에 대해서 K와 L을 연결하는 유계인 경로는 다음과 같은 방법으로 찾을 수 있다. $K \neq L$이므로 $e(K, L) = n > 0$이다. 그러므로 [그림 4-3]과 같이 L을 중심으로 반경이 1씩 증가하도록 동심원을 그어 반경 n까지 원을 그린다. 그러면 K는 반경 n인 원주 위에 있다. $K_0 = K$라 놓고, 반경 $n-1$인 원주 위에서 K_1을 찾고, K_1에서 진거리가 1인 K_2를 찾는다. 이러한 방법을 계속해서 K_j를 찾아 L에 이르면 된다. 이 때, (3)의 조건 즉, K_1부터는 반드시 반경이 $n-1$이하인 원주 상에서만 찾아야 한다. 또한, j가 증가하면 K_j가 L로부터 멀어질 수도 있지만 L로부터의 거리가 $n-1$을 초과할 수는 없다.

[그림 4-3]의 오른쪽 그림과 같이 j가 증가하더라도 진거리 $e(K_j, L)$이 반드시 감소하여만 하는 것은 아니다. 단지, 위 정의에서 (3)의 성질만 만족하면 된다. 뒤에서 다루겠지만 실은 지식구조가 단계적이면 j에 대해서 진거리 $e(K_j, L)$가 감소하도록 하는 경로 $\{K_j\}$가 존재한다.

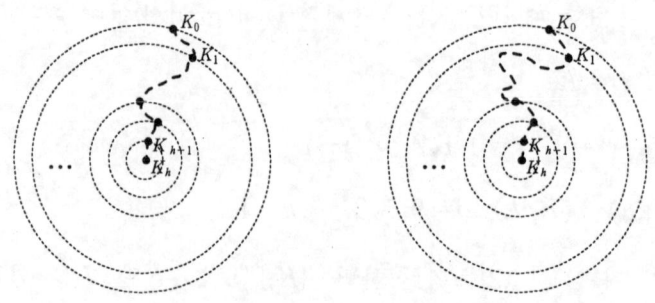

[그림 4-3] K에서 L에 이르는 경로

단계적 지식구조보다 일반적인 지식구조를 정의하자.

제4장 학습과정

정의4.7 근본적 유한인 지식구조 (Q, K)에 대해서 K의 임의의 원소 K, L를 연결하는 1-연결 경로가 존재하면, 지식구조 (Q, K)를 **1-연결**(1-connected)이라 한다.

근본적 유한인 지식구조 (Q, K)가 단계적이면 1-연결이다. 그러나 역은 성립하지 않는다. 왜냐하면 1-연결성은 유계성을 보장하지 않기 때문이다.

정의4.8 근본적 유한인 지식구조 (Q, K)와 K의 원소 K, L에 대해서 $e(K, L) = h$라 하자. 이 때, K와 L을 연결하는 경로 $\{K_j\}_{j=0}^{h}$를 **정교한 경로**(tight path)라 한다.

정교한 경로는 K와 L의 진거리를 h라 할 때, K와 L사이에 $h-1$개의 지식상태를 삽입하여 만들어지는 경로이며, 서로 이웃하는 지식상태와의 진거리는 1이다. 그러므로 진거리 1을 이동의 기본단위라 할 때, K에서 L까지의 최소 경로이다. 직관적으로는 K와 L을 연결하는 "최단의" 경로 또는 "팽팽한" 경로의 의미이다. 다음 정리는 어떤 경로가 정교한 경로임을 확인할 때 편리하다.

정리4.9 근본적 유한인 지식구조 (Q, K)와 K의 원소 K, L에 대해서 $e(K, L) = h$라 하자. 이 때, K와 L을 연결하는 경로 $\{K_j\}_{j=0}^{m}$에 대해서 다음이 서로 동치이다.
(1) $m = h$ 이다. 즉, $\{K_j\}_{j=0}^{m}$가 정교한 경로이다.
(2) 모든 $j = 1, 2, \cdots, m$에 대해서 $e(K, K_j) = j$ 이다.
(3) 모든 $j = 0, 1, \cdots, m-1$에 대해서 $e(K_j, L) = m - j$ 이다.

[증명] 정리의 증명에 앞서 $\{K_j\}_{j=0}^{m}$는 K와 L을 연결하는 경로이므로 [정의 4.6]에 의해서 $K=K_0$, $L=K_m$이고 $e(K_j, K_{j+1})=1$ $(j=0,1,2,\cdots,m-1)$를 만족함을 상기하자.

(1)의 성립을 가정하고 (2)의 성립을 증명하자. 열 $\{K_j\}_{j=0}^{m}$와 각 j에 대해서 진거리 e에 대한 삼각부등식을 반복 적용하면, 부등식

$$e(K,K_j) \le \sum_{i=0}^{j-1} e(K_i, K_{i+1}) = j, \quad j=1,2,\cdots,m$$

를 얻는다. 그러므로 $e(K,K_j) \le j$ 이다. 등식 $e(K,K_j)=j$가 성립함을 보이기 위해서 $e(K,K_j) < j$ 가 성립한다고 가정하면

$$\begin{aligned} e(K,L) &\le e(K,K_j) + e(K_j,L) \\ &< j + \sum_{i=j}^{m-1} e(K_i, K_{i+1}) \\ &= j + (m-j) \\ &= m \\ &= h \end{aligned}$$

가 되어, 모순이다. 따라서 (2)가 성립한다.

(2)가 성립한다고 가정하면 $e(K,K_m)=m$ 이고 $K_m=L$이므로 $m=h$가 되어 (1)이 성립한다.

(3)의 성립을 증명하기 위해서 (1)이 성립함을 가정하자. 역시, 진거리 e에 대한 삼각부등식을 반복 적용하면 각 $j=0,1,\cdots,m-1$에 대해서

$$e(K_j,L) \le \sum_{i=j}^{m-1} e(K_i, K_{i+1}) = m-j = h-j$$

가 성립한다. 만일 등호가 성립하지 않는다고 가정하자. 즉, $e(K_j,L) < h-j$ 가 성립한다고 가정하자. 그러면 삼각부등식의 적용으로

$$e(K,L) \le e(K,K_j) + e(K_j,L) < h$$

를 얻을 수 있으며, 이것은 $e(K,L)=h$에 모순이다. 그러므로 (3)이 성립한다.

(3)을 가정하면 $h=e(K,L)=e(K_0,L)=m$ 이므로 (1)이 성립한다. □

【예제4.3】 집합 $Q=\{a,b,c,d,e\}$에 대해서 K를
$$\mathrm{B}=\{\{c\},\{a,b\},\{b,c\},\{c,d\},\{d,e\}\}$$
의해서 생성된 지식공간이라 하자. 그러면 지식공간 (Q,K)는 구별적이다. 이 공간의 지식상태들의 포함관계는 [그림 4-4]와 같으며 원 내부의 숫자는 지식상태간의 진거리를 나타낸다.

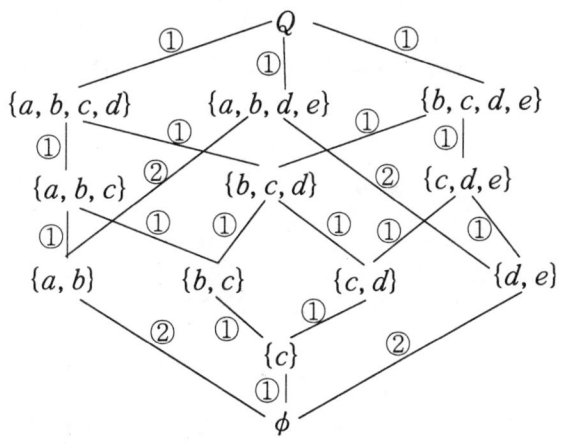

[그림 4-4] 지식상태간의 진거리

Q가 아닌 모든 지식상태 K로부터 Q에 이르며 각 단계간의 진거리가 1인 경로가 존재함을 알 수 있다. 그러므로 서로 다른 두 개의 지식상태를 연결하는 경로가 존재한다. 따라서 지식공간 (Q,K)는 1-연결이다.

그러나 지식공간 (Q,K)가 단계적인 것은 아니다. 이것을 보이기 위해서 두 개의 지식상태 $\{a,b\}$, $\{d,e\}$를 생각하자. 그러면 $e(\{a,b\},\mathrm{K})=1$을 만족하기 위

해서는 $K=\{a,b,c\}$이어야만 한다. 하지만 $e(K,\{d,e\})=5$이므로 위의 두 지식상태를 연결하는 유계인 경로는 존재하지 않는다.

$K=\{c,d\}$, $L=\{a,b,c\}$에 대해서

$$K_0=K,\ K_1=\{b,c,d\},\ K_2=\{b,c\},\ K_3=L$$

라 하면, 열 $\{K_j\}_{j=0}^{3}$는 K와 L을 연결하는 정교한 경로이다. 실은, $e(K,L)=3$ 이고, $e(K_j, K_{j+1})=1$, $j=0,1,2$이다.

2. 경계

하나의 지식상태에서 다른 지식상태로 변화할 때 지나야 할 경계를 정의하자. 이것은 어떤 지식상태를 기준으로 바로 직전에 학습한 내용과 앞으로 가장 우선해서 학습할 내용이 무엇인가를 알려준다.

정의4.10 근본적 유한인 지식구조 (Q,K)와 지식상태 K에 대해서 다음과 같이 정의한다.

(1) 집합 $\mathrm{K}^I = \{q \in K \mid K - q^* \in \mathrm{K}\}$를 K의 **내부경계**(inner fringe)라 한다.

(2) 집합 $\mathrm{K}^O = \{q \in Q - K \mid K \cup q^* \in \mathrm{K}\}$를 K의 **외부경계**(outer fringe)라 한다.

(3) 집합 $\mathrm{K}^F = \mathrm{K}^I \cup \mathrm{K}^O$를 K의 **경계**(fringe)라 한다.

(4) $N(K,1) = \{L \in \mathrm{K} \mid e(K,L) \le 1\}$

정의로부터 지식상태 K에 대해서 $K^I \cap K^O = \phi$이고, $K \in N(K,1)$이다. 또한, $\phi^I = \phi$, $Q^O = \phi$이다.

【예제4.4】 $Q=\{a,b,c,d,e,f\}$와

$$K=\{\phi,\ \{d\},\ \{a,c\},\ \{e,f\},\ \{a,b,c\},\ \{a,c,d\},\ \{d,e,f\},$$
$$\{a,b,c,d\},\ \{a,c,e,f\},\ \{a,c,d,e,f\},\ Q\}$$

에 대해서 (Q,K)는 지식구조이며, a와 c, e와 f는 각각 동일 개념에 속한다.

지식상태 $\{a,b,c,d\}$에 대해서

$$\{a,c,d\} = \{a,b,c,d\} - b^*$$
$$\{a,b,c\} = \{a,b,c,d\} - d^*$$
$$Q = \{a,b,c,d\} \cup e^*$$

가 성립하므로

$$\{a,b,c,d\}^I = \{b,d\}$$
$$\{a,b,c,d\}^O = \{e,f\}$$
$$\{a,b,c,d\}^F = \{b,d,e,f\}$$

가 된다.

또한, $N(\{a,b,c,d\},1) = \{\{a,b,c\},\{a,c,d\},\{a,b,c,d\},Q\}$를 얻는다.

정리4.11 근본적 유한인 지식구조 (Q,K)와 지식상태 K에 대해서 다음 관계식이 성립한다.

$$K^F = (\bigcup N(K,1)) - (\bigcap N(K,1))$$

[증명] $x \in K^F$라 하면 $x \in K^O$ 또는 $x \in K^I$이다. 우선 $x \in K^O$라면 $K \cup x^* \in K$를 만족한다. $K \cup x^* \in N(K,1)$이므로 $x \in \bigcup N(K,1)$가 성립한다. 하지만 $x \notin K$이고 $K \in N(K,1)$, $\bigcap N(K,1) \subseteq K$이므로 $x \notin \bigcap N(K,1)$이다. 따라서

$$K^O \subseteq (\bigcup N(K,1)) - (\bigcap N(K,1))$$

가 성립한다. $x \in K^I$라면 $x \in K$이므로 $x \in \bigcup N(K,1)$이다. 한편, $K - x^* \in N(K,1)$이

므로 $x \notin \bigcap N(K,1)$이다. 따라서, 이 경우

$$K^I \subseteq (\bigcup N(K,1)) - (\bigcap N(K,1))$$

가 성립한다. 그러므로 포함관계

$$K^F \subseteq (\bigcup N(K,1)) - (\bigcap N(K,1))$$

가 성립한다.

반대의 포함관계가 성립함을 보이자. $x \in (\bigcup N(K,1)) - (\bigcap N(K,1))$라면 $x \in \bigcup N(K,1)$이고 $x \notin \bigcap N(K,1)$이다. 그러므로 $N(K,1)$에 속하고 $x \in K_1, x \notin K_2$인 두 개의 지식상태 K_1, K_2가 존재한다. 만일 $x \notin K$라 하면 $K_1 \neq K$이므로 $e(K, K_1) = 1$이 성립한다. 이것은 $K \subset K_1$이 성립함을 의미하며, 결국 $K_1 = K \cup x^*$가 성립한다. 따라서 $x \in K^O$이고, $x \in K^F$이다. 한편, $x \in K$라 하면 $e(K, K_2) = 1$이 성립하여야 한다. 그러므로 $K_2 \subset K$이며, 결국 $K_2 = K - x^*$가 성립한다. 따라서 $x \in K^I$이고, $x \in K^F$이다. 이상의 과정으로

$$K^F \supseteq (\bigcup N(K,1)) - (\bigcap N(K,1))$$

임을 보였다. □

위의 증명과정에서 두 개의 지식상태 K, L에 대해서 $e(K, L) = 1$이면 $K \subset L$ 또는 $L \subset K$가 성립함을 이용하였다. 이것에 대해서 보충 설명을 하자.

$$(K^* - L^*) \cap (L^* - K^*) = \phi$$

이므로 진거리 e의 정의에 의해서

$$\#(K^* - L^*) = 1, \#(L^* - K^*) = 0 \text{ 또는 } \#(K^* - L^*) = 0, \#(L^* - K^*) = 1$$

를 만족하여야 한다. 만일 첫 번째의 경우가 만족하면 $\#(L^* - K^*) = 0$으로부터 $L^* \subseteq K^*$이고, 두 번째의 경우를 만족하면 $\#(K^* - L^*) = 0$으로부터 $K^* \subseteq L^*$가 성립한다. 그러므로 각각의 경우에 대해서 $L \subseteq K$ 또는 $K \subseteq L$가 성립하여야 한

제4장 학습과정

다. 그런데, $e(K,L)=1$이므로 [정리 4.3]의 (1)에 의해서 명백히 $K \neq L$이다. 따라서, $K \subset L$ 또는 $L \subset K$가 되어야 한다.

더불어, $e(K,L)=1$이면서 $K \subset L$이면 어떤 $x \in L-K$에 대해서 $L^* = K^* \cup \{x^*\}$로 표시되고, $e(K,L)=1$이면서 $L \subset K$이면 어떤 $x \in K-L$에 대해서 $K^* = L^* \cup \{x^*\}$로 표현된다.

지식구조의 단계성을 판정하는 방법을 알아보자. 다음 동치 명제는 단계성의 판정에 유용하게 사용된다.

정리4.12 근본적 유한인 지식구조 $(Q, \mathbf{K})$에 대해서 다음 6개의 명제는 서로 동치이다.

(1) 지식구조 $(Q, \mathbf{K})$는 단계적이다.

(2) 임의의 지식상태 K, L에 대해서 K와 L을 연결하는 정교한 경로가 존재한다.

(3) 임의의 서로 다른 두 지식상태 K, L에 대해서
$$K_j \cap L \subseteq K_{j+1} \subseteq K_j \cup L, \quad j=0,1,2,\cdots,h-1$$
를 만족하고 K와 L을 연결하는 경로 $\{K_i\}_{i=0}^{h}$가 존재한다.

(4) 임의의 서로 다른 두 개의 지식상태 K, L에 대해서 $(K \triangle L) \cap K^F \neq \phi$를 만족한다.

(5) 임의의 지식상태 K, L가 $K^I \subseteq L$, $K^O \subseteq L^c$를 만족하면 $K=L$이다.

(6) 임의의 지식상태 K, L가 $K^I \subseteq L$, $K^O \subseteq L^c$, $L^I \subseteq K$, $L^O \subseteq K^c$를 만족하면 $K=L$이다.

[증명] $(1) \Rightarrow (2) \Rightarrow (3) \Rightarrow (4) \Rightarrow (5) \Rightarrow (6) \Rightarrow (1)$의 과정으로 증명하자.

(2)를 증명하기 위해서 수학적 귀납법을 사용하자. 만일 $e(K,L) = 0$ 또는 1 이면 명백히 성립한다. $e(K,L) = n$일 때 성립을 가정하고 $e(K,L) = n+1$ 일 때 성립함을 보이자. (1)에 의해서 지식상태 K, L에 대해 K와 L을 연결하는 1-연결이고 유계인 경로 $\{K_j\}_{j=0}^{l}$가 존재한다. 이 때, $K = K_0$이고 $L = K_l$ 이다. $e(K_1, L) = m$라 하면 유계성으로부터 $m < n+1$이 성립하여야 하고, m이 정수 이므로 $m \leq n$이 성립한다. 한편, 삼각부등식을 적용하면

$$e(K, L) \leq e(K, K_1) + e(K_1, L) = 1 + m$$

이므로 $n \leq m$을 얻는다. 그러므로 $m = n$ 이 성립한다. 결국, $e(K_1, L) = n$ 이 므로 가정으로부터 K_1과 L을 연결하는 정교한 경로 $\{K_i'\}_{i=0}^{n}$가 존재한다. 이 경로를 이용하여 다음과 같은 새로운 경로를 구성하자.

$$K = K_0, K_0', K_1', \cdots, K_n' = L$$

여기서 $K_0' = K_1$이다. 이 경로를 $\{M_j\}_{j=0}^{n+1}$로 표시하자. 그러면 $e(K, L) = n+1$ 이고, 경로 $\{K_i'\}_{i=0}^{n}$가 정교한 경로이므로 모든 $j = 1, 2, \cdots, n+1$에 대해서 $e(K, M_j) = j$ 가 성립한다. 따라서 [정리 4.9]에 의해서 $\{M_j\}_{j=0}^{n+1}$은 K 와 L을 연결하는 정교한 경로가 된다.

(2)가 성립한다는 가정 하에 (3)을 증명하자. (2)로부터 K와 L을 연결하는 정교한 경로 $\{K_j\}_{j=0}^{h}$가 존재한다. 만일 어떤 $j = 0, 1, 2, \cdots, h-1$에 대해서

$$K_{j+1} - (K_j \cup L) \neq \phi$$

가 성립한다고 가정하자. 그러면 어떤 $x \in Q$에 대해서 $x \in K_{j+1}$이지만 $x \notin K_j$이 고 $x \notin L$이다. $e(K_j, K_{j+1}) = 1$이기 때문에 $K_{j+1} = K_j \cup x^*$로 표현되어야만 한다. 그러므로 $K_{j+1} \triangle L = (K_j \triangle L) \cup x^*$가 성립하며, 따라서

$$e(K_{j+1}, L) = e(K_j, L) + 1$$

이므로 부등식 $e(K_{j+1}, L) > e(K_j, L)$가 성립한다. 한편, $\{K_j\}_{j=0}^{h}$가 정교한 경로이므로 [정리 4.9]의 (3)에 의해서 $e(K_{j+1}, L) = h-j-1$이고 $e(K_j, L) = h-j$이어야 한다. 이것은 모순이다. 그러므로 모든 $j=0,1,2,\cdots,h-1$에 대해서 $K_{j+1} \subseteq K_j \cup L$가 성립한다. 또 다른 포함관계를 증명하기 위해서 어떤 $j=0,1,2,\cdots,h-1$에 대해서

$$(K_j \cap L) - K_{j+1} \neq \phi$$

라 가정하자. 그러면 어떤 $x \in Q$에 대해서 $x \in K_j$이고 $x \in L$이지만 $x \notin K_{j+1}$이어서, $x \notin K_j \triangle L$, $x \in K_{j+1} \triangle L$이다. 또한, $e(K_j, K_{j+1}) = 1$이므로 $K_j = K_{j+1} \cup x^*$이다. 따라서, $K_{j+1} \triangle L = (K_j \triangle L) \cup x^*$가 성립하여 $e(K_{j+1}, L) = e(K_j, L) + 1$을 만족한다. [정리 4.9]의 (3)을 적용하면 $\{K_j\}_{j=0}^{h}$가 정교한 경로라는 것에 모순이 발생한다. 따라서 모든 $j=0,1,2,\cdots,h-1$에 대해서

$$(K_j \cap L) \subseteq K_{j+1}$$

가 성립한다.

(3)$\Rightarrow$(4)를 증명하자. $e(K, L) = h$라 하면 (3)에서 존재를 확인한 경로 $\{K_j\}_{j=0}^{h}$가 존재한다. 이 경로에서 특별히 K_1에 주목하자. $e(K, K_1) = 1$이므로 K와 K_1은 단 하나의 개념 x^*에 의해서 구별된다. 즉, 다음 두 가지 경우 중 어느 하나가 성립한다.

$$K = K_1 \cup x^* \ (x \notin K_1) \text{ 또는 } K_1 = K \cup x^* \ (x \notin K)$$

이들 관계식은 $x \in K^F$임을 말해준다. 한편, $K_1 \subseteq K \cup L$이므로 $x \in K \cup L$이 성립한다. 그러나, $x \in K \cap L$가 성립한다고 가정하면, $K \cap L \subseteq K_1$이므로 $x \in K \cap K_1$이 성립하여야 하므로 모순이 발생한다. 그러므로 $x \notin K \cap L$이다. 이것은 $x \in K \triangle L$을 의미하므로,

$$(K \triangle L) \cap K^F \neq \phi$$

가 성립한다.

(4)를 가정하고 (5)가 성립함을 보이자. 만일 지식상태 K, L에 대해서 $K^I \subseteq L$, $K^O \subseteq L^c$가 성립하지만 $K \neq L$이라 가정하자. 그러면 (4)로부터

$$(K \triangle L) \cap K^F \neq \phi$$

가 성립하므로 $(K \triangle L) \cap K^F$의 원소 x가 존재한다. 이러한 x에 대해서

$$x \in K \triangle L, \quad x \in K^F$$

가 동시에 성립한다. 만일 $x \in K$라면 $x \in K^I$이어야 하므로 $x \in L$이 성립한다. 이 것은 $x \in K \triangle L$에 모순이다. 한편, $x \notin K$라면 $x \in K^O$이어야 하고, 그래서 $x \in L^c$ 가 성립한다. 이것도 역시 $x \in K \triangle L$에 모순이다. 그러므로 $K = L$가 성립하여야 한다.

(5)가 성립하면 명백히 (6)이 성립한다. 실은 (6)의 가정 부분을 만족하면 (5) 의 가정 부분을 만족하는 것이므로 (5)의 결론 부분을 만족한다.

(6)⇒(1)임을 증명하자. K와 L을 지식상태라 하면, $e(K, L) = 0$ 또는 1일 경우 명백히 두 지식상태를 연결하는 정교한 경로가 존재한다. 보다 일반적인 경 우를 고려하기 위해서 $e(K, L) = h$ ($h \geq 2$)라 놓자. 이 경우 명백히 $K \neq L$이 성립한다. 그러므로 (6)으로부터

$$x \in (K^I - L) \cup (K^O \cap L) \cup (L^I - K) \cup (L^O \cap K)$$

를 만족하는 $x \in Q$가 존재한다. h에 수학적 귀납법을 적용하여 증명하도록 하 자. 만일 $h-1$일 때 즉, $e(K', L') = h-1$인 경우 K'와 L'를 연결하는 정교한 경로가 존재한다고 가정하자.

(i) $x \in K^I - L$ 일 때

$x \in K^I$이고 $x \notin L$이다. $K_1 = K - x^*$라 하면 $K_1 \in K$이고 $e(K, K_1) = 1$이다. 한

편, $x \notin L$이므로 $e(K_1, L) = h-1$가 성립한다. 가정으로부터 K 과 L을 연결하는 정교한 경로가 존재하고, 이 경로의 첫 부분에 K를 놓아 K와 L을 연결하는 정교한 경로를 구성할 수 있다. 이 경로가 정교한 경로임을 보이기 위해서 [정리 4.9]의 (3)을 사용한다.

(ii) $x \in K^O \cap L$ 일 때

$x \in K^O$ 이고 $x \in L$이다. $K_1 = K \cup x^*$라 놓으면 $K_1 \in \mathrm{K}$이고 $e(K, K_1) = 1$이다. $e(K_1, L) = h-1$임은 쉽게 확인할 수 있다. 그러므로 위의 방법으로 K와 L을 연결하는 정교한 경로를 구성할 수 있다.

(iii) $x \in L^I - K$ 일 때

$x \in L^I$이고 $x \notin K$이다. $K_{h-1} = L - x^*$라 놓자. 그러면 $e(K_{h-1}, L) = 1$이다. 또한, $L \triangle K = (K_{h-1} \triangle K) \cup x^*$이고 $(K_{h-1} \triangle K) \cap x^* = \phi$이므로 $e(K, K_{h-1}) = h-1$가 성립한다. 그러므로 가정으로부터 K와 K_{h-1}을 연결하는 정교한 경로가 존재하며, 이 경로의 끝에 L을 첨가하여 K와 L을 연결하는 정교한 경로를 구성할 수 있다. 정교한 경로임을 보이기 위하여 [정리 4.9]의 (2)를 이용한다.

(iv) $x \in L^O \cap K$ 일 때

$x \in L^O$이고 $x \in K$이다. $K_{h-1} = L \cup x^*$라 놓으면, $e(K_{h-1}, L) = 1$이다. 또한, $(K \triangle K_{h-1}) \cup x^* = K \triangle L$이고 $(K \triangle K_{h-1}) \cap x^* = \phi$이므로 $e(K, K_{h-1}) = h-1$이다. 그러므로 (iii)에서와 같은 방법으로 K와 L을 연결하는 정교한 경로를 얻을 수 있다. □

【참고4.5】 위의 증명과정을 살펴보면 [정리 4.12]의 (3)에 표현한 포함관계

$$K_j \cap L \subseteq K_{j+1} \subseteq K_j \cup L \qquad (A)$$

은 열 $\{K_j\}_{j=0}^{h}$가 K와 L을 연결하는 정교한 경로이면 만족함을 알 수 있다. 우리는 앞으로 정교한 경로에 대해서는 이 포함관계를 사용할 것이다. 또한, 위의 포함관계는 서로 이웃하는 지식상태에 대한 것이지만 보다 일반적이고 동치인 포함관계를 얻을 수 있다. $i, j = 0, 1, 2 \cdots, h$이고 $i < j$이라면

$$K_i \cap L \subseteq K_j \subseteq K_i \cup L \qquad (B)$$

가 성립한다. 포함관계(B)가 성립하면 명백히 포함관계(A)가 성립한다. 이것의 역이 성립함을 확인하자. 포함관계(A)를 반복해서 적용하면

$$K_i \cap L \subseteq K_{i+1} \cap L, \quad K_{i+1} \cup L \subseteq K_i \cup L$$
$$K_{i+1} \cap L \subseteq K_{i+2} \cap L, \quad K_{i+2} \cup L \subseteq K_{i+1} \cup L$$
$$\vdots$$
$$K_{j-2} \cap L \subseteq K_{j-1} \cap L, \quad K_{j-1} \cup L \subseteq K_{j-2} \cup L$$

를 얻는다. 또한, $K_{j-1} \cap L \subseteq K_j \subseteq K_{j-1} \cup L$이므로 포함관계(B)가 성립한다.

정리4.13 근본적 유한인 지식구조 (Q, K)가 단계적이라 하자. 이 때, 두 개의 지식상태 K, L에 대해서 다음은 서로 동치이다.
(1) $K^I = L^I$, $K^O = L^O$
(2) $K = L$

[증명] (1)이 성립한다고 가정하자. $L^I \subseteq L$, $L^O \subseteq L^c$이므로 $K^I \subseteq L$, $K^O \subseteq L^c$가 성립한다. 그러므로 [정리 4.12]의 (5)로부터 (2)가 성립한다.

지식구조에서 내부경계와 외부경계는 대상으로 하는 지식상태에 의해서 일의적으로 결정되기 때문에 (2)의 가정 하에서 (1)이 성립하는 것은 명백하다. □

【예제4.6】 위의 정리에서 지식구조 (Q, K)가 단계적인 것은 반드시 필요한 조건이다. 예를 통하여 이 사실을 설명하자. $Q = \{a, b, c, d\}$에 대해서 지식구조 K를 다음과 같이 택한다.

$$K = \{\phi, \{a\}, \{c\}, \{a, b\}, \{b, c\}, \{a, b, d\}, \{b, c, d\}, Q\}$$

그러면 지식구조 (Q, K)는 구별적이다. 이들 지식상태의 포함관계에 대해서 진거리 1인 관계로 연결하면 [그림 4-5]와 같다.

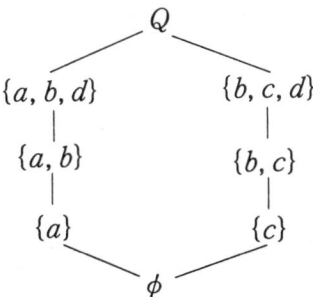

[그림 4-5] 지식상태의 관계

지식상태 $\{a, b\}$와 $\{b, c\}$를 생각하자. $e(\{a, b\}, \{b, c\}) = 2$이며, $\{a, b\}$와 $\{b, c\}$를 연결하는 1-연결인 경로는 다음 두 가지 뿐이다.

$$\{a, b\} \to \{a, b, c\} \to Q \to \{b, c, d\} \to \{b, c\}$$
$$\{a, b\} \to \{a\} \to \phi \to \{c\} \to \{b, c\}$$

하지만, $e(Q, \{b, c\}) = e(\phi, \{b, c\}) = 2$이므로 두 경로 모두 유계가 아니다. 그리므로 지식구조 (Q, K)는 단계적이 아니다.

이 지식구조에 대해서 [정리 4.13]의 (1)과 (2)가 동치명제가 아님을 보이자. 지식상태 $\{a, b\}$와 $\{b, c\}$에 대해서

$$\{a, b\}^I = \{b, c\}^I = \{b\}$$
$$\{a, b\}^O = \{b, c\}^O = \{d\}$$

이지만 $\{a,b\} \neq \{b,c\}$이다.

지식구조 (Q, K)가 단계적이 아님을 보이기 위해서 [정리 4.12]를 이용할 수 있다. 실은, $(\{a,b\} \triangle \{b,c\}) \cap \{a,b\}^F = \{a,c\} \cap \{b,d\} = \phi$이므로 지식구조 (Q, K)는 단계적이 아니다.

지식구조를 지식공간으로 제한하면 단계성에 대한 보다 많은 동치 명제를 얻을 수 있다. 다음 정리는 추가된 동치 명제들이다.

정리4.14 근본적 유한인 지식공간 (Q, K)에 대해서 다음은 서로 동치이다.
(1) 지식공간 (Q, K)가 단계적이다.
(2) 모든 학습경로는 점진적 경로이다.
(3) 포함관계 $K \subset L$을 만족하는 두 지식상태 K, L에 대해서
$$K_0 = K, \quad K_h = L, \quad \#(K_{j+1}) = \#(K_j) + 1 \quad (j = 0, 1, 2, \cdots, h-1)$$
를 만족하고 K에 속하는 연쇄 $\{K_j\}_{j=0}^{h}$가 존재한다.

[증명] (1)의 성립을 가정하자. C를 지식공간 (Q, K)에서의 학습경로라 하고, 임의의 $K \in C - \{Q\}$를 택한다. 그리고, C의 원소를 올림차순으로 정렬했을 때 K의 직후자를 M이라 하자. 그러면 $K \subset M$가 성립한다. 한편, (Q, K)가 단계적이므로 $q \in (K \triangle M) \cap K^F$인 q를 선택할 수 있고, 이러한 q에 대해서 $q \in K \triangle M$, $q \in K^F$가 성립하므로 $q \in K^O$이어야 한다.

C가 점진적 경로인 것을 보이기 위해서는 $M = K \cup q^*$가 성립함을 보이면 된다. $K \subset M$이고 $q \in M$이므로 $K \subset (K \cup q^*) \subseteq M$가 성립한다. 그러므로 $K \cup q^*$가 C에 속하는 것을 보이면 M가 K의 직후자라는 사실로부터 $M = K \cup q^*$가 성립한다. $K \cup q^*$가 C에 속하는 것을 보이자. S를 C의 임의의 원소라 하면 $S \subseteq K$

제4장 학습과정

또는 $K \subset S$가 성립하여야 한다. 만일, $S \subseteq K$ 가 성립하면 명백히 $S \subset K \cup q^*$가 성립한다. 한편, $K \subset S$가 성립하면 M이 K의 직후자라는 사실로부터 $M \subseteq S$인 관계가 성립하여야 한다. 그러므로 $K \cup q^* \subseteq S$가 성립한다. 그러므로 $C \cup \{K \cup q^*\}$는 연쇄이고, C는 K의 최대 연쇄이므로 $K \cup q^* \in C$가 성립하여야 한다.

  (2)의 성립을 가정하고 (3)의 성립을 확인하자.

$$\mathcal{J} = \{ C \subseteq \mathbb{K} \mid K \in C,\ L \in C,\ C : \text{연쇄} \}$$

라 놓으면, $\mathcal{J}$는 포함관계의 관점에서 부분순서집합이다. 그러므로 하우스도르프 최대정리에 의해서 $\mathcal{J}$의 부분집합인 최대 연쇄 $\mathcal{F}$가 존재한다. $D = \bigcup_{C \in \mathcal{F}} C$라 놓자. 그러면 D는 연쇄이다. 실은 K_1, K_2가 D의 원소라고 하면 K_1, K_2를 모두 포함하는 $\mathcal{J}$의 원소 C가 존재한다. C가 연쇄이므로 $K_1 \subseteq K_2$ 또는 $K_2 \subseteq K_1$이 성립한다. K_1, K_2는 임의이므로 D는 연쇄이다. 만일, $D \subset E$를 만족하고 $E \subseteq \mathbb{K}$인 연쇄 E가 존재하면 $\mathcal{F} \cup \{E\}$는 연쇄이다. 연쇄 $\mathcal{F}$가 최대이므로 $E \in \mathcal{F}$이고, D의 정의로부터 $E \subseteq D$가 만족하여야 하므로 이것은 모순이다. 그러므로 D는 최대연쇄이므로 학습경로이다. D의 원소를 올림차순으로 배열했을 때 K에서 L까지의 부분을 아래와 같이 표시하자.

$$K = K_0 \subset K_1 \subset \cdots \subset K_h - L$$

또한, D는 점진적 경로이므로 $\#(K_{j+1}) = \#(K_j) + 1$ $(j = 0, 1, 2, \cdots, h-1)$이 성립한다.

  (3)을 가정하고 (1)이 성립함을 보이자. $\mathbb{K}$의 서로 다른 두 원소 K, L에 대해서 $L - K \neq \phi$이거나 $L \subset K$가 성립한다. 먼저 $L - K \neq \phi$가 성립할 때를 생각하자. $K \subset K \cup L$이고 $K \cup L \in \mathbb{K}$가 성립한다. 그러므로 (3)으로부터 $L - K$의 어떤

원소 q에 대해서 $K\cup q^*\in K$이고 $K\subset K\cup q^*\subseteq K\cup L$이다. 그러므로 $q\in (K\triangle L)\cap K^F$가 성립하므로 $(K\triangle L)\cap K^F\neq \phi$이다. 한편, $L\subset K$가 성립한다면 (3)으로부터 K의 어떤 원소 q에 대해서 $K-q^*\in K$이고 $L\subseteq K-q^*\subset K$이다. 그러므로 $q\notin L$이며, 따라서 $q\in K^F$이고 $q\in K\triangle L$이다. 결국, $(K\triangle L)\cap K^F\neq \phi$이다. 따라서 [정리 4.12]에 의해서 지식공간 (Q,K)는 단계적이다. □

다음 정리는 근본적 유한인 지식공간이 단계적이기 위한 하나의 충분조건을 제공한다.

정리4.15 근본적 유한인 지식공간 (Q,K)가 준순서공간이면 단계적이다.

[증명] [정리 4.14]의 (3)이 성립함을 보이자. $K\subset L$을 만족하는 K의 원소 K, L을 생각하자. $e(K,L)=1$이면 명백히 성립한다. $e(K,L)=h\geq 2$라 놓자. 그리고 수학적 귀납법을 적용하기 위해서 $e(K',L')\leq h-1$일 때 [정리 4.14]의 (3)이 성립한다고 가정하자($K=K', L=L'$인 경우). 그러면 $p^*\neq q^*$를 만족하는 $L-K$의 원소 p, q가 존재한다. 그러므로 K의 어떤 원소 M이 존재해서 $p\in M, q\notin M$ 또는 $q\in M, p\notin M$가 성립한다. $p\in M, q\notin M$가 성립할 때 $O=K\cup(M\cap L)$라 놓자. 이 때, $p\notin K, q\notin K$이고 $p\in O, q\notin O$이며, 또한 $p\in L, q\in L$가 성립한다. 그러므로 $K\subset O\subset L$가 성립한다. 따라서, $e(K,O)\leq h-1, e(O,L)\leq h-1$가 성립한다. 이 경우는 성립을 가정하였으므로 이들에서 얻어지는 두 열을 연결하여 [정리 4.14]의 (3)을 만족하는 경로를 구성할 수 있다. 같은 방법으로 $q\in M, p\notin M$인 경우도 증명된다. □

3. 이중순서

X를 학습주제의 집합, Y를 평가문항의 집합이라 놓는다. 이 때, X에 속하는 주제 x를 학습하면 Y에 속하는 문항 y를 해결할 수 있는 경우, 이것을 (x,y)로 표시하면, 이러한 순서쌍의 집합 $\mathcal{R}$은 매우 흥미로운 성질을 갖는다.

본 절에서는 "이중순서"라는 특별한 집합 $\mathcal{R}$에 관한 성질을 조사하여 보도록 하자.

정의4.16 공집합이 아닌 집합 X, Y에 대해서 $X \times Y$의 임의의 부분집합 $\mathcal{R}$을 X에서 Y로의 **관계**라 한다. 편의상, $x\mathcal{R}y$를 $(x,y) \in \mathcal{R}$와 같은 의미로 사용한다.

X에서 Y로의 관계 A에 대해서 $A^{-1} = \{(y,x) \in Y \times X \mid (x,y) \in A\}$로 표시하자. 그러면 A^{-1}은 Y에서 X로의 관계가 된다. B를 Y에서 Z로의 관계라 할 때, A와 B의 곱 AB를 다음과 같이 정의하자.

$$AB = \{(x,z) \in X \times Z \mid (x,y) \in A \text{이고 } (y,z) \in B \text{인 } y \in Y \text{가 존재}\}$$

이 때, AB는 X에서 Z로의 관계를 나타낸다. 특히, AA^{-1}은 X에서의 관계이다.

앞으로 사용할 곱연산에 대한 몇 가지 사실을 언급하자. 위의 관계 A, B에 대해서 곱 BA는 일반적으로 정의할 수 없다. 왜냐하면 관계 B는 Y에서 Z로의 관계이고 A는 X에서 Y로의 관계이므로 집합 Z와 집합 X는 동일하게 볼 수 없다. 만일 $Z = X$라 하면 BA는 Y에서 Y로의 관계이다. 즉, Y에서의 관계이다. 그러므로 이 경우에도 관계 AB와 관계 BA는 동일시할 수 있는 여건이 아님을 알 수 있다.

C가 X에서 X로의 관계(X에서의 관계), D를 X에서 X로의 관계(X에서의 관계)라 하면 관계 CD와 관계 DC는 잘 정의되고, 모두 X에서 X로의 관계(X에서의 관계)가 된다. 이 경우, $CD=DC$가 성립하는가? 이것에 대한 답은 "일반적으로 성립하지 않는다"이다. 예를 들어, $X=\{a,b,c\}$라 할 때, 관계 C와 D를 다음과 같이 정의하자.

$$C = \{(a,a),(b,b),(c,b)\}, \quad D = \{(a,c),(b,a),(b,b)\}$$

그러면,

$$CD = \{(a,c),(b,a),(b,b),(c,a),(c,b)\}$$
$$DC = \{(a,b),(b,a),(b,b)\}$$

이므로 $CD \neq DC$이다. 특히 이 경우는 $CC^{-1} \neq C^{-1}C$이다. 그러므로 곱연산에 대해서 대상의 교환은 허용되지 않는다.

세 개의 관계 S(V에서 X로의 관계), T(X에서 Y로의 관계), U(Y에서 Z로의 관계)에 대해서 관계 ST와 관계 TU는 잘 정의된다. 더불어, $(ST)U = S(TU)$가 성립한다. 즉 관계의 곱연산에 대해서 결합법칙이 성립한다. 이것은 다음의 과정에 의해서 확인된다.

$(v,z) \in (ST)U$

$\Leftrightarrow (v,y) \in ST, (y,z) \in U$를 만족하는 $y \in Y$가 존재

$\Leftrightarrow (v,x) \in S, (x,y) \in T, (y,z) \in U$를 만족하는 $x \in X$와 $y \in Y$가 존재

$\Leftrightarrow (v,x) \in S, (x,z) \in TU$를 만족하는 $x \in X$가 존재

$\Leftrightarrow (v,z) \in S(TU)$

C가 X에서 X로의 관계(X에서의 관계)일 때, $CC, CCC, \cdots, CC\cdots C$($n$개의 곱)는 잘 정의된다. 이들을 각각 $C^2, C^3, \cdots, C^n$으로 표시하자. 특히, $C^1 = C$, $C^0 = \{(x,x) \in X \times X \mid x \in X\}$로 정의하자.

제4장 학습과정

> **정의4.17** 공집합이 아닌 집합 X, Y에 대해서 $\mathcal{R}$을 X에서 Y로의 관계라 하자. 이 때, X의 임의의 원소 x, x'와 Y의 임의의 원소 y, y'에 대해서
> $$x\mathcal{R}y, \neg(x'\mathcal{R}y), x'\mathcal{R}y' \Rightarrow x\mathcal{R}y'$$
> 를 만족하면 $\mathcal{R}$을 **이중순서**(biorder)라 한다. 단, 기호 $\neg$은 부정을 의미한다. 즉, $\neg(x\mathcal{R}y)$는 $(x, y) \notin \mathcal{R}$의 의미이다.

추상적이지만 하나의 예를 들어보자. X를 능력의 집합, Y를 평가문항의 집합이라 놓는다. 이 때, 능력 $x \in X$로 문항 $y \in Y$를 맞힐 수 있는 경우, 이것을 (x, y)로 표시하고, 이들의 집합을 $\mathcal{R}$이라 하자. 그러면
$$x\mathcal{R}y, \neg(x'\mathcal{R}y), x'\mathcal{R}y' \Rightarrow x\mathcal{R}y'$$
의 의미는 다음과 같이 해석할 수 있다.

"능력 x로 문항 y를 맞힐 수 있다. 그러나 능력 x'로는 문항 y를 맞힐 수 없다. 그런데, 능력 x'로는 문항 y'를 맞힐 수 있다. 이러한 경우, 능력 x로 문항 y'를 맞힐 수 있다."

보충 설명을 하면, 문항 y에 대해서 능력을 비교하면 $x > x'$이다. 그러므로 능력 x'로 문항 y'를 맞힐 수 있다는 것은 보다 높은 능력 x로도 문항 y'를 맞힐 수 있다는 의미이다. 이러한 모형을 갖는 현상은 우리 주위에 자주 발견된다. 능력의 집합 X는 구체적이지 못하지만 평가문항의 집합 Y에 의해서 순서가 정의될 수 있음을 보여준다.

X에서 Y로의 관계 $\mathcal{R}$가 이중순서인 것을 보이기 위해서는 X의 서로 다른 두 원소 x, x'와 Y의 서로 다른 두 원소 y, y'에 대해서
$$x\mathcal{R}y, \neg(x'\mathcal{R}y), x'\mathcal{R}y' \Rightarrow x\mathcal{R}y' \tag{C}$$
가 성립함을 보이면 된다. 실은 $x = x'$이거나 $y = y'$이면 위 명제의 가정 부분은

성립하지 않는다. 그러므로 가정 부분이 거짓이어서 명제는 참이다.

관계 R이 이중순서임을 확인하기 위해서 다음과 같은 표를 활용하면 편리하다. X의 서로 다른 두 원소 x, x'와 Y의 서로 다른 두 원소 y, y'를 임의로 택하면 아래의 [그림 4-6(a)]와 같은 표를 생각할 수 있다. 다음 단계로 $(x, y) \in R$이면 x열과 y행이 만나는 셀에 ○표를 하고, 그렇지 않으면 ×표를 한다. 만일, 명제(C)의 가정부분

$$xRy, \neg(x'Ry), x'Ry'"$$

를 만족하는 경우는 [그림 4-6(b)]와 같이 된다. 그러므로 명제(C)를 만족하면 [그림 4-6(c)]와 같이 표가 완성될 것이다.

	x	x'
y		
y'		

[그림 4-6(a)]

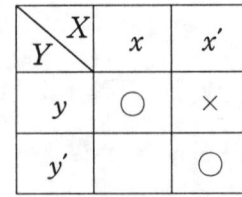

[그림 4-6(b)]

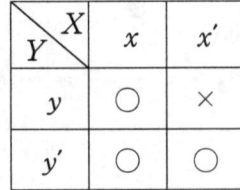

[그림 4-6(c)]

X의 원소 x, x'와 Y의 원소 y, y'에 국한해서 [정의 4.17]의 이중순서공리를 만족하려면 위의 표가 어떤 모양이어야 하는지를 조사하여 보자. 명제(C)의 가정부분

$$xRy, \neg(x'Ry), x'Ry'$$

에서 $xRy, x'Ry'$을 만족한다면 [그림 4-7(a)]와 같이 ○표가 대각선 모양으로 분포한다. 또한, 관계 R이 이중순서임을 확인하기 위해서는 $xRy', x'Ry$인 경우도 조사하여야 한다. 역시 이 경우도 [그림 4-7(b)]와 같이 ○표가 대각선 모양을 이룬다.

제4장 학습과정

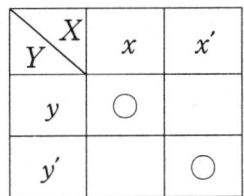

[그림 4-7(a)]   [그림 4-7(b)]

위의 두 표에서 명제(C)의 가정부분을 완전히 만족하는 경우 즉,

$$x\mathcal{R}y,\ \neg(x'\mathcal{R}y),\ x'\mathcal{R}y'\ \text{또는}\ x\mathcal{R}y',\ \neg(x'\mathcal{R}y'),\ x'\mathcal{R}y$$

이 참이면 각각 [그림 4-8(a)] 또는 [그림 4-8(b)]로 표시된다.

[그림 4-8(a)]   [그림 4-8(b)]

따라서 명제(C)를 만족하기 위해서는 위 두 표의 공란이 ○표로 메워져야 한다.

결국, ○표가 대각선을 이루면 ×표는 대각선을 이루지 말아야 한다. 즉, [그림 4-9]와 같은 표로 표시되면 이중순서공리를 만족하지 않는다. 나머지의 경우는 명제(C)의 가정부분을 만족하지 않으므로 명제(C)는 참이다. 그러므로 고려의 대상이 아님을 알 수 있다. 실은, 두 가지의 그림으로 표시하였지만 두 열을 교환하거나 두 행을 교환하여도 관계 $\mathcal{R}$의 이중순서 여부에는 영향을 주지 않는다.

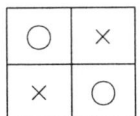 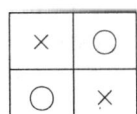

[그림 4-9]

"관계 $\mathcal{R}$의 모든 원소들에 대해서 명제(C)가 성립한다"와 "포함관계

$$\mathcal{R}(\mathcal{R}^{-1})^c\mathcal{R} \subseteq \mathcal{R}$$

가 성립한다"는 서로 동치이다. 그러므로 관계 $\mathcal{R}$가 이중순서임을 보이기 위해서는 $\mathcal{R}(\mathcal{R}^{-1})^c\mathcal{R} \subseteq \mathcal{R}$가 성립함을 보이면 된다.

어떤 관계 $\mathcal{R}$가 이중순서이면서 $\mathcal{R}(\mathcal{R}^{-1})^c\mathcal{R} \neq \mathcal{R}$인 경우도 있다. 예를 들어, $X=\{x\}$, $Y=\{y\}$이고 $\mathcal{R}=\{(x,y)\}$라면 $\mathcal{R}(\mathcal{R}^{-1})^c\mathcal{R} = \phi$임을 쉽게 확인할 수 있다.

이중순서구조에 대해서 관계 $\mathcal{R}$과 관계 $\mathcal{R}^c$의 관련성을 알아보자.

정리4.18 공집합이 아닌 집합 X, Y에 대해서 $\mathcal{R}$을 X에서 Y로의 관계라 하자. 이 때, $\mathcal{R}$이 이중순서이기 위한 필요충분조건은 $\mathcal{R}^c$가 이중순서이다.

[증명] $\mathcal{R}$이 이중순서라 하자. X의 원소 x, x'와 Y의 원소 y, y'에 대해서 $(x,y)\in\mathcal{R}^c$, $(x',y)\notin\mathcal{R}^c$, $(x',y')\in\mathcal{R}^c$가 성립한다고 가정하자. 이것은 $(x,y)\notin\mathcal{R}$, $(x',y)\in\mathcal{R}$, $(x',y')\notin\mathcal{R}$을 의미한다. 만일 $(x,y')\in\mathcal{R}$라 가정하자. 그러면 $(x',y)\in\mathcal{R}$, $(x,y)\notin\mathcal{R}$, $(x,y')\in\mathcal{R}$이고 $\mathcal{R}$이 이중순서이므로 $(x',y')\in\mathcal{R}$이 성립하여야 한다. 이것은 모순이므로 $(x,y')\notin\mathcal{R}$가 성립한다. 즉, $(x,y')\in\mathcal{R}^c$가 성립하므로 $\mathcal{R}^c$는 이중순서이다.

반대의 경우는 지금 증명한 결과를 이용한다. 즉, $(\mathcal{R}^c)^c=\mathcal{R}$이므로 $\mathcal{R}^c$가 이중순서이면 $\mathcal{R}$도 이중순서이다. □

이중순서 전체에 대한 구조를 살펴보자.

제4장 학습과정

> **정리4.19** 공집합이 아닌 유한집합 X, Y에 대해서
> $$B = \{\mathcal{R} \subseteq X \times Y \mid \mathcal{R} : X \text{에서 } Y \text{로의 이중순서}\}$$
> 라 놓으면 $(X \times Y, B)$는 구별적 지식구조이다. 더불어, $\mathcal{R} \in B$이라면
> $$\mathcal{R}^I = \mathcal{R} - \mathcal{R}(\mathcal{R}^{-1})^c \mathcal{R}, \quad \mathcal{R}^O = \mathcal{R}^c - \mathcal{R}^c \mathcal{R}^{-1} \mathcal{R}^c$$
> 가 성립한다.

[증명] 공집합 ϕ와 전체집합 $X \times Y$는 이중순서공리([정의 4.17])를 모순되게 하지 않는다. 그러므로 $\phi \in B$, $X \times Y \in B$이며, 이것은 $(X \times Y, B)$가 지식구조임을 말해준다.

$X \times Y$의 임의의 원소 (x, y)에 대해서 집합 $\{(x, y)\}$는 이중순서공리를 만족하므로 $\{(x, y)\} \in B$이다. 그러므로 지식구조 $(X \times Y, B)$는 구별적이다.

등식 $\mathcal{R}^I = \mathcal{R} - \mathcal{R}(\mathcal{R}^{-1})^c \mathcal{R}$가 성립함을 보이자. $\mathcal{R}^I$의 임의의 원소 $p = (x, y)$를 택하고, $\mathcal{R}' = \mathcal{R} - \{p\}$라 놓으면 집합 $\mathcal{R}^I$의 정의에 의해서 $\mathcal{R}'$는 이중순서이다. 만일 $p \in \mathcal{R}(\mathcal{R}^{-1})^c \mathcal{R}$가 성립한다고 가정하자. 그러면
$$(x, y') \in \mathcal{R}, \quad (x', y') \notin \mathcal{R}, \quad (x', y) \in \mathcal{R}$$
를 만족하는 X의 원소 x'와 Y의 원소 y'가 존재한다. 특히 $x \neq x'$이고 $y \neq y'$이다. 그러므로 $(x, y') \neq p$이고 $(x', y) \neq p$이다. 따라서
$$(x, y') \in \mathcal{R}', \quad (x', y') \notin \mathcal{R}', \quad (x', y) \in \mathcal{R}'$$
가 성립한다. $\mathcal{R}'$가 이중순서이므로 $(x, y) = p \in \mathcal{R}'$가 성립하여야 하며, 이것은 $\mathcal{R}'$의 정의에 모순이다. 따라서 $p \notin \mathcal{R}(\mathcal{R}^{-1})^c \mathcal{R}$이므로 포함관계 $\mathcal{R}^I \subseteq \mathcal{R} - \mathcal{R}(\mathcal{R}^{-1})^c \mathcal{R}$가 성립함을 증명하였다. 반대의 포함관계가 성립함을 보이자. $(x, y) \in \mathcal{R} - \mathcal{R}(\mathcal{R}^{-1})^c \mathcal{R}$라 하면, $(x, y) \in \mathcal{R}$이고 $(x, y) \notin \mathcal{R}(\mathcal{R}^{-1})^c \mathcal{R}$가 성립한다. $\mathcal{R}' = \mathcal{R} - \{(x, y)\}$라 놓고 $\mathcal{R}'$가 이중순서임을 보이면 된다. $(x', y') \in \mathcal{R}'$, $(x'', y') \notin \mathcal{R}'$, $(x'', y'') \in \mathcal{R}'$의 성립을 가정하고 $(x', y'') \in \mathcal{R}'$

임을 보이자. 여기서 $\mathcal{R}'\subset\mathcal{R}$이므로 (x'',y')가 $\mathcal{R}$에 포함하는가의 여부는 일정하지 않다. 그러므로 두 가지의 경우로 나누어 증명한다.

i) $(x'',y')\notin\mathcal{R}$일 경우

$(x',y)\in\mathcal{R}$, $(x'',y')\notin\mathcal{R}$, $(x'',y'')\in\mathcal{R}$이므로 $(x',y'')\in\mathcal{R}(\mathcal{R}^{-1})^c\mathcal{R}$이다. 더욱이 $\mathcal{R}$이 이중순서이므로 $(x',y'')\in\mathcal{R}$이다. 한편, $(x,y)\notin\mathcal{R}(\mathcal{R}^{-1})^c\mathcal{R}$이므로 $(x',y'')\neq(x,y)$이다. 따라서
$$(x',y'')\in\mathcal{R}-\{(x,y)\}=\mathcal{R}'$$
가 성립한다.

ii) $(x'',y')\in\mathcal{R}$일 경우

$(x'',y')\notin\mathcal{R}'$이므로 $(x'',y')=(x,y)$이다. 즉, $x''=x, y'=y$가 성립한다. 그러므로 조건 $(x',y)\in\mathcal{R}'$, $(x'',y')\notin\mathcal{R}'$, $(x'',y'')\in\mathcal{R}'$에 $x''=x, y'=y$로 대입하면
$$(x',y)\in\mathcal{R}',\ (x,y)\notin\mathcal{R}',\ (x,y'')\in\mathcal{R}'$$
이며, 이 식이 참이라고 가정하였으므로 $x\neq x', y\neq y''$가 성립하여야 한다. 그러므로 $(x,y)\neq(x',y'')$가 성립한다. $(x',y'')\notin\mathcal{R}$라 가정하자. 그러면
$$(x,y'')\in\mathcal{R},\ (x',y'')\notin\mathcal{R},\ (x',y)\in\mathcal{R}$$
이므로 $(x,y)\in\mathcal{R}(\mathcal{R}^{-1})^c\mathcal{R}$이다. 이것은 (x,y)의 선택에 모순이다. 따라서 $(x',y'')\in\mathcal{R}$가 성립하며, $(x,y)\neq(x',y'')$이므로 $(x',y'')\in\mathcal{R}'$가 성립한다. 그러므로 $\mathcal{R}$은 이중순서이고, 결국 $\mathcal{R}^I\supseteq\mathcal{R}-\mathcal{R}(\mathcal{R}^{-1})^c\mathcal{R}$가 성립함을 보인 것이다.

등식 $\mathcal{R}^O=\mathcal{R}^c-\mathcal{R}^c\mathcal{R}^{-1}\mathcal{R}^c$가 성립함을 증명하기에 앞서 아래의 과정으로 $\mathcal{R}^O=(\mathcal{R}^c)^I$가 성립함을 확인하자. [정리 4.18]에 의해서 $\mathcal{R}^c\in\mathcal{B}$가 성립하므로

제4장 학습과정

기호 $(\mathcal{R}^c)^I$의 사용은 타당하다.

$$(x,y) \in \mathcal{R}^O \Leftrightarrow (x,y) \notin \mathcal{R}, \ \mathcal{R} \cup \{(x,y)\} : 이중순서$$
$$\Leftrightarrow (x,y) \in \mathcal{R}^c, \ \mathcal{R}^c - \{(x,y)\} : 이중순서$$
$$\Leftrightarrow (x,y) \in (\mathcal{R}^c)^I$$

실은 이 과정에서 이중순서임을 보이기 위해 [정리 4.18]을 사용하였다. 이 등식과 이미 증명한 결과를 이용하면

$$\mathcal{R}^O = (\mathcal{R}^c)^I$$
$$= \mathcal{R}^c - (\mathcal{R}^c)((\mathcal{R}^c)^{-1})^c(\mathcal{R}^c)$$
$$= \mathcal{R}^c - \mathcal{R}^c \mathcal{R}^{-1} \mathcal{R}^c$$

를 얻는다. □

위 정리에서 정의한 지식구조 $(X \times Y, \mathcal{B})$는 단계적이다. 이것을 증명하기 위한 준비로 두 개의 보조정리를 도입하자.

보조정리 4.20 공집합이 아닌 유한집합 X, Y에 대해서 $\mathcal{R}$을 X에서 Y로의 관계라 하자. 이 때, 모든 $x \in X$와 모든 $y \in Y$에 대해서 다음이 성립한다.

(1) $(x,x) \notin \mathcal{R}(\mathcal{R}^{-1})^c$이고 $(y,y) \notin (\mathcal{R}^{-1})^c \mathcal{R}$이다.

(2) $\mathcal{R}$이 이중순서이면 모든 자연수 n에 대해서 $(x,x) \notin (\mathcal{R}(\mathcal{R}^{-1})^c)^n$이다.

[증명] (1)의 성립을 증명하자. 만일 X의 어떤 원소 x에 대해서 $(x,x) \in \mathcal{R}(\mathcal{R}^{-1})^c$라 가정하면 Y의 어떤 원소 y에 대해서

$$(x,y) \in \mathcal{R}, \ (y,x) \in (\mathcal{R}^{-1})^c$$

가 성립한다. 이 두 명제는 동시에 성립할 수 없으므로 X의 모든 x에 대해서

$(x,x) \notin \mathcal{R}(\mathcal{R}^{-1})^c$이다. 같은 방법으로 모든 $y \in Y$에 대해서 $(y,y) \notin (\mathcal{R}^{-1})^c \mathcal{R}$
가 성립함을 보일 수 있다.

(2)를 증명하자. (1)에 의해서 명백히 $n=1$이면 성립한다. 그러므로 모든 n에
대해서 $(\mathcal{R}(\mathcal{R}^{-1})^c)^n \subseteq \mathcal{R}(\mathcal{R}^{-1})^c$가 성립함을 보이면 충분하다. $n=2$일 때 $\mathcal{R}$
이 이중순서이고 관계의 곱연산에 대한 결합법칙을 적용하면

$$(\mathcal{R}(\mathcal{R}^{-1})^c)^2 = (\mathcal{R}(\mathcal{R}^{-1})^c \mathcal{R})(\mathcal{R}^{-1})^c \subseteq \mathcal{R}(\mathcal{R}^{-1})^c$$

가 성립함을 알 수 있다. 수학적 귀납법을 적용하기 위하여 $n-1$ ($n=3,4,\cdots$)
일 때 성립을 가정하자. 그러면

$$(\mathcal{R}(\mathcal{R}^{-1})^c)^n = (\mathcal{R}(\mathcal{R}^{-1})^c)^{n-1} \mathcal{R}(\mathcal{R}^{-1})^c \subseteq \mathcal{R}(\mathcal{R}^{-1})^c \mathcal{R}(\mathcal{R}^{-1})^c \subseteq \mathcal{R}(\mathcal{R}^{-1})^c$$

가 얻어진다. □

보조정리 4.21 공집합이 아닌 유한집합 X, Y에 대해서 $\mathcal{R}$을 X에서 Y로
의 이중순서라 하자. 이 때 다음 등식이 성립한다.

$$\mathcal{R} = \bigcup_{k=0}^{\infty} (\mathcal{R}(\mathcal{R}^{-1})^c)^k \mathcal{R} = \bigcup_{k=0}^{\infty} (\mathcal{R}^I (\mathcal{R}^O)^{-1})^k \mathcal{R}^I$$

단, $(\mathcal{R}(\mathcal{R}^{-1})^c)^0 = (\mathcal{R}^I (\mathcal{R}^O)^{-1})^0 = \{(x,x) \in X \times X \mid x \in X\}$이다.

[증명] 다음의 포함관계가 성립함을 보이면 된다.

$$\mathcal{R} \subseteq \bigcup_{k=0}^{\infty} (\mathcal{R}(\mathcal{R}^{-1})^c)^k \mathcal{R} \subseteq \bigcup_{k=0}^{\infty} (\mathcal{R}^I (\mathcal{R}^O)^{-1})^k \mathcal{R}^I \subseteq \mathcal{R}$$

우선, $(\mathcal{R}(\mathcal{R}^{-1})^c)^0 \mathcal{R} = \mathcal{R}$가 성립하므로 첫 번째의 포함관계가 성립한다.

두 번째의 포함관계가 성립함을 보이자. 어떤 음이 아닌 정수 k에 대해서
$(x,y) \in (\mathcal{R}(\mathcal{R}^{-1})^c)^k \mathcal{R}$라 하자. 그러면 $(x,y) \in (\mathcal{R}(\mathcal{R}^{-1})^c)^k \mathcal{R}$을 만족하는
최대 정수 k가 존재한다. 이것을 확인하자. $(a,y) \in \mathcal{R}$를 만족하는 X의 원소 a
를 고정하고 다음 과정을 생각하자.

$$\begin{array}{ccccc}
\mathcal{R}(\mathcal{R}^{-1})^c & \mathcal{R}(\mathcal{R}^{-1})^c & \mathcal{R}(\mathcal{R}^{-1})^c & \cdots & \mathcal{R}(\mathcal{R}^{-1})^c \\
\cup & \cup & \cup & \cdots & \cup \\
(x, x_1) & (x_1, x_2) & (x_2, x_3) & \cdots & (x_m, a)
\end{array}$$

여기서 $x, x_1, x_2, x_3, \cdots, x_m, a$는 X의 서로 다른 원소이어야 한다. 만일 같은 원소가 있다면 [보조정리 4.20]에 위배된다. 따라서 $(x, y) \in (\mathcal{R}(\mathcal{R}^{-1})^c)^k \mathcal{R}$을 만족하는 k라면 $k \leq \#(X)$을 만족하여야 하고 X가 유한집합이므로 최대 정수 k가 존재한다. 우리는 k가 $(x, y) \in (\mathcal{R}(\mathcal{R}^{-1})^c)^k \mathcal{R}$를 만족하는 최대 정수로 취급하자. 이러한 k에 대해서 $(x, y) \in (\mathcal{R}(\mathcal{R}^{-1})^c)^k \mathcal{R}$가 되도록 하는 $\mathcal{R}$의 원소들을 생각하자. 어떤 $\mathcal{R}$에 대해서 $\mathcal{R}$에 속하는 (x', y')가 연결의 역할을 한다고 가정하면 $(x', y') \in \mathcal{R}^I$를 만족하여야 한다. 이것을 확인하기 위해서 $(x', y') \in \mathcal{R}(\mathcal{R}^{-1})^c \mathcal{R}$라 가정하면 $(\mathcal{R}(\mathcal{R}^{-1})^c)^k \mathcal{R}$에서 우리가 고려하는 $\mathcal{R}$에 $\mathcal{R}(\mathcal{R}^{-1})^c \mathcal{R}$로 대체함으로써 $(x, y) \in (\mathcal{R}(\mathcal{R}^{-1})^c)^{k+1} \mathcal{R}$가 성립함을 나타내고, 이것은 k가 $(x, y) \in (\mathcal{R}(\mathcal{R}^{-1})^c)^k \mathcal{R}$을 만족하는 최대 정수인 것에 모순이다. 그러므로 [정리 4.19]에 의해서 $(x', y') \in \mathcal{R}^I$가 성립하여야 한다. 한편, $(x, y) \in (\mathcal{R}(\mathcal{R}^{-1})^c)^k \mathcal{R}$되게 하는 $(\mathcal{R}^{-1})^c$의 어떤 곳에서 $(y'', x'') \in (\mathcal{R}^{-1})^c$가 연결의 역할을 한다고 가정하면 $(y'', x'') \in (\mathcal{R}^O)^{-1}$가 성립하여야 한다. 실은 $(x'', y'') \in \mathcal{R}^c \mathcal{R}^{-1} \mathcal{R}^c$라고 가정하면, 고려하는 부분 $(\mathcal{R}^{-1})^c$의 대신에 $(\mathcal{R}^{-1})^c \mathcal{R}(\mathcal{R}^{-1})^c$로 대체하면 $(x, y) \in (\mathcal{R}(\mathcal{R}^{-1})^c)^{k+1} \mathcal{R}$가 성립함을 알 수 있다. 이것도 모순이다. 그러므로 [정리 4.19]에 의해서 $(x'', y'') \in \mathcal{R}^O$가 성립하여야 한다.

따라서 $\mathcal{R}$은 $\mathcal{R}^I$로, $(\mathcal{R}^{-1})^c$는 $(\mathcal{R}^O)^{-1}$로 대체함으로써

$$(x, y) \in (\mathcal{R}^I (\mathcal{R}^O)^{-1})^k \mathcal{R}^I$$

임을 알 수 있다. 이것은 두 번째의 포함관계가 성립함을 보인다.

포함관계 $(\mathcal{R}^I(\mathcal{R}^O)^{-1})^k \mathcal{R}^I \sqsubseteq (\mathcal{R}(\mathcal{R}^{-1})^c)^k \mathcal{R} \sqsubseteq \mathcal{R}$ 로부터 세 번째 포함관계가 성립한다. □

지식구조 $(X \times Y, \mathcal{B})$가 단계적임을 보이자.

정리4.22 X, Y, $\mathcal{B}$를 [정리 4.19]와 같이 놓자. 그러면 지식구조 $(X \times Y, \mathcal{B})$는 단계적이다.

[증명] R과 S를 $\mathcal{B}$의 원소라 놓고, [정리 4.12]의 (5)를 증명하면 충분하다. $R^I \sqsubseteq S$, $R^O \sqsubseteq S^c$가 성립한다고 가정하자. 만일 $(x, y) \in R$이라면 [보조정리 4.21]에 의해서, 어떤 음이 아닌 정수 k에 대해서 $(x, y) \in (R^I(R^O)^{-1})^k R^I$가 성립한다. 따라서 $(x, y) \in (S(S^{-1})^c)^k S \sqsubseteq S$ 이므로 $R \sqsubseteq S$가 성립한다. 즉, $R^I \sqsubseteq S$, $R^O \sqsubseteq S^c$라면 $R \sqsubseteq S$가 성립한다. 이 결과는 본 증명의 후반부에서 사용할 것이다.

반대의 포함관계를 보이자. [정리 4.18]을 적용하면
$$(x, y) \in (R^c)^I \Leftrightarrow (x, y) \in R^c, \ R^c - \{(x, y)\} \in \mathcal{B}$$
$$\Leftrightarrow (x, y) \notin R, \ R \cup \{(x, y)\} \in \mathcal{B}$$
$$\Leftrightarrow (x, y) \in R^O$$

이 참이다. 그러므로 $(R^c)^I = R^O$가 성립한다. 같은 방법을 사용하면
$$(x, y) \in (R^c)^O \Leftrightarrow (x, y) \notin R^c, \ R^c \cup \{(x, y)\} \in \mathcal{B}$$
$$\Leftrightarrow (x, y) \in R, \ R - \{(x, y)\} \in \mathcal{B}$$
$$\Leftrightarrow (x, y) \in R^I$$

가 성립하므로 등식 $(R^c)^O = R^I$를 얻는다. 그러므로 $(R^c)^O \sqsubseteq (S^c)^c$, $(R^c)^I \sqsubseteq S^c$가 성립한다. 본 증명의 초반부에 얻은 결과를 적용하면 $R^c \sqsubseteq S^c$를 얻으며, 따라

서 $S \subseteq R$가 성립한다. 결국, $R=S$를 증명하였다. □

【예제4.7】 [정리 4.19]에서 정의한 지식구조 $(X \times Y, \mathrm{B})$가 항상 합집합과 교집합 연산에 대해서 닫혀 있는 것이 아니다. $X=\{a,a'\}$, $Y=\{b,b'\}$라 놓자. 그러면 다음의 4개 집합은 이중순서이다. 즉, B의 원소가 된다.

$\{(a,b)\}$, $\{(a',b')\}$, $\{(a,b),(a',b),(a',b')\}$, $\{(a,b),(a,b'),(a',b')\}$

그러나

$$\{(a,b)\} \cup \{(a',b')\} = \{(a,b),(a',b')\}$$

$$\{(a,b),(a',b),(a',b')\} \cap \{(a,b),(a,b'),(a',b')\} = \{(a,b),(a',b')\}$$

가 되며, 연산의 결과 $\{(a,b),(a',b')\}$는 이중순서가 아니다.

4. 학습 가능성

본 절에서 다루는 지식구조는 반드시 근본적 유한인 것은 아니다. 그러므로 지식상태의 수가 무한히 많은 경우도 포함한다.

어떤 학습자가 학습을 진행하면 다음과 같은 지식상태의 변화로 표현할 수 있다.

$$K_0 \subset K_1 \subset \cdots \subset K_h \subset \cdots$$

학습의 시작점을 나타내는 지식상태에서 학습목표를 나타내는 지식상태로 변화하는 과정을 일련의 지식상태의 열로 표현한 것이다. 그러면 이 열이 유한한 열인가와 지식상태의 변화과정에서 새롭게 추가되는 개념의 수는 유한한가는 "학습 가능성"의 정의에 반드시 필요한 요소이다. 특히, 근본적 유한인 지식구조는 학습 가능한 영역에 포함되어야 한다.

정의4.23 (Q, K)를 지식구조라 하자. Q가 아닌 K의 임의의 원소 K와 $Q-K$의 임의의 원소 q에 대해서 다음 조건을 만족하는 자연수 l, h와 열 $\{K_j\}_{j=0}^{h}$가 존재할 때, 지식구조 (Q, K)는 **유한학습가능**(finitely learnable)이라 한다.

(1) $K = K_0 \subset K_1 \subset \cdots \subset K_h$, $q \in K_h$

(2) $e(K_j, K_{j+1}) \le l$ $j = 0, 1, \cdots, h-1$

이 때, 이러한 조건을 만족하는 최소의 자연수 l 을 **학습 단계수**(learnstep number)라 하며 $\mathrm{lst}(K) = l$로 나타낸다.

위 정의를 보다 자세히 설명하자. 지식구조 (Q, K)가 유한학습가능이라면 어떠한 지식상태에서 시작해도 유한회의 지식상태의 변화로 Q에 속하는 모든 내용을 학습할 수 있다. 또한, 지식상태의 변화과정에서 새로 추가되는 개념의 수는 많아야 l개이다. 여기서 자연수 l은 특수한 지식상태 K와 Q의 특정한 원소 q에 의존하는 것이 아니라, K와 q의 선택에 무관한 수이다. 반면, 정의에서 사용한 자연수 h는 K와 q에 의존하는 수이다. 즉, K와 q의 선택에 따라서 자연수 h의 크기는 달라질 수 있다.

자연수 l이 위의 정의를 만족시키면 l보다 큰 어떠한 자연수로 대체하더라도 만족한다. 그러므로 l의 역할을 할 수 있는 자연수는 무한히 많다. 그러므로 학습 단계수를 정의하는 최소값 l이 존재하는가를 의심할 수 있다. 그러나 이것은 의심하지 않아도 된다. 만일 지식구조 (Q, K)가 유한학습가능이면 위의 정의에서 부등식(2)를 만족하는 자연수 l은 존재한다. 그러므로 다음 집합 L은 공집합이 아닌 자연수 집합 N의 부분집합이다.

$$L = \{l \in N \mid l: \text{부등식(2)를 만족하는 자연수}\}$$

집합 L에 대한 최소값의 존재를 직관적으로 설명하자. 물론 정교한 수학적 기법으로 존재를 확인할 수 있다. 그러나 이 책의 범위를 벗어나므로 생략하자. 집합 L의 원소는 어떤 자연수 l을 시작으로 다음과 같이 크기 순으로 나열할 수 있다.

$$l,\ l+1,\ l+2,\ l+3,\ \cdots$$

그러므로 이 경우 집합 L은 최소값 l을 갖는다고 할 수 있다.

【예제4.8】 $Q=\{a, b, c, d, e\}$에 대해서

$$K=\{\phi, \{a\}, \{a, b\}, \{a, b, c\}, \{a, b, d\}, \{a, c, d\}, Q\}$$

라 하자. 그러면, 지식구조 (Q, K)에 대해서 lst$(K)=2$이다. 이것을 확인하여 보자. 지식상태들의 포함관계와 진거리를 구하면 [그림 4-10]과 같다. 임의의 지식상태 K와 임의의 $q \in Q-K$에 대해서, q를 포함하는 지식상태로 Q를 택하자. 그러면 $K=K_0 \subset \cdots \subset K_h = Q$이고 $e(K_j, K_{j+1}) \leq 2$인 경로를 구성할 수 있다. 그리고 세 개의 문항을 포함하는 임의의 지식상태 S에 대해서 $e(S, Q)=2$이므로 lst$(K)=2$임을 알 수 있다.

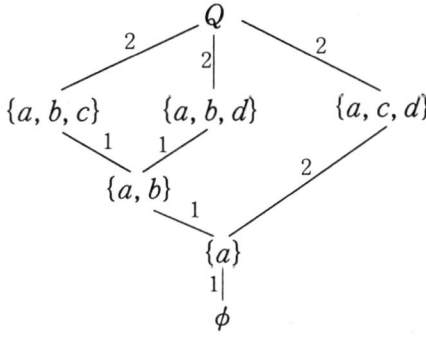

[그림 4-10] 지식상태간의 진거리

【예제4.9】 근본적 유한이 아닌 지식구조도 유한학습가능인 경우가 있다. 자연수의 집합 N에 대해서 지식공간 $(N, 2^N)$을 생각하자. N이 아닌 N의 부분집합 K와 자연수 $n \notin K$에 대해서 $L = K \cup \{n\}$라 하면 $L \in 2^N$이다. 그러므로 $K \subset L$이고 $e(K, L) = 1$이다. 특히 $\mathrm{lst}(2^N) = 1$임을 알 수 있다.

[정의 4.23]에 의해서 근본적 유한인 지식구조는 유한학습가능이다. 그러므로 학습 단계수가 존재한다. 특히, 단계적인 지식구조에 대해서는 다음 정리를 만족한다.

정리4.24 근본적 유한인 지식구조 (Q, K)가 단계적이면 $\mathrm{lst}(\mathrm{K}) = 1$이다.

[증명] $K \in \mathrm{K}\ (K \neq Q)$와 $q \in Q - K$에 대해서 q를 포함하는 지식상태로 Q를 생각하자. 그러면 [정리 4.12]의 (2)에 의해서 K와 Q를 연결하는 정교한 경로 $\{K_j\}_{j=0}^{h}$가 존재한다. 그리고 [정리 4.12]에서 (2)⇒(3)의 증명 과정을 살펴보면 이 경로 $\{K_j\}_{j=0}^{h}$에 대해서

$$K_j \cap Q \subseteq K_{j+1} \subseteq K_j \cup Q \quad j = 0, 1, 2, \cdots, h-1$$

가 성립함을 알 수 있다. $K_0 = K$, $K \subseteq Q$이므로 $K_0 \subseteq K_1 \subseteq Q$를 얻을 수 있고, 이러한 과정의 반복에 의해서

$$K = K_0 \subset K_1 \subset \cdots \subset K_h = Q$$

를 얻는다. 포함관계에서 등호가 제거된 것은 $\{K_j\}_{j=0}^{h}$가 정교한 경로이므로 $e(K_j, K_{j+1}) = 1$가 성립하여야 하기 때문이다.

그러므로 $\mathrm{lst}(\mathrm{K}) = 1$이다. □

【예제4.10】 위 정리의 역은 일반적으로 성립하지 않는다. 이러한 예를 들어보

자. $Q = \{a, b, c, d\}$와 $K = \{\phi, \{a\}, \{a, b\}, \{a, b, c\}, \{a, c, d\}, Q\}$라 하자. 그러면 (Q, K)는 구별적 지식공간이다. 또한, lst$(K) = 1$가 된다(그림 4-11]).

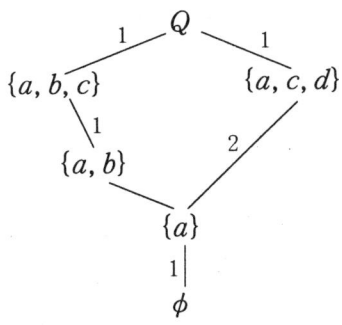

[그림 4-11] 지식상태간의 진거리

만일 단계적이라 가정하면 [정리 4.14]에 의해서 모든 학습경로는 점진적 경로이어야 한다. 그러나 학습경로 $\phi, \{a\}, \{a, c, d\}, Q$는 점진적이 아니어서 [정리 4.14]에 모순된다. 그러므로 지식공간 (Q, K)는 단계적이 아니다.

제5장 학습경로의 탐색

준순서공간인 지식구조에 대해서 추론관계는 지식구조에 의해서 일의적으로 결정된다. 그러나 아주 특별한 경우가 아니면 평가 결과로부터 얻어지는 지식구조는 일반적으로 준순서공간이 아니다. 그러므로 제2장에서 다룬 추론관계를 보다 일반적 지식구조에 확장하여 보자.

1. 추론함수

지식상태를 결정하는 보다 근본적인 요인을 이용하여 지식상태간의 관계를 조사하자. 여기서 요인이라 함은 문항의 집합 Q에 정의되는 함수로 속성함수와 추론함수를 일컫는다. 이 함수들은 지식의 일반적 특징을 내포하고 있으며, 이것을 이용한 일련의 방법으로 지식상태를 생성하고, 따라서 지식구조를 결정할 것이다.

정의5.1   평가문항의 집합 Q에 대해서 어떤 함수 $\sigma: Q \to 2^{2^Q}$가

"Q의 모든 원소 q에 대해서 $\sigma(q) \neq \phi$이다"

를 만족할 때 함수 σ를 **속성함수**(attribution function)라 한다. 추가로 다음과 같은 세 가지의 조건을 더 만족할 때, 속성함수 σ를 **추론함수**(surmise function)라 한다.
(1) $C \in \sigma(q)$이라면 $q \in C$
(2) $q' \in C \in \sigma(q)$이라면 어떤 $C' \in \sigma(q')$에 대해서 $C' \subseteq C$
(3) $C, C' \in \sigma(q)$이고 $C' \subseteq C$이라면 $C = C'$

속성함수 σ에 대해서 $\sigma(q)$의 각 원소를 q의 **배경**(background) 또는 q의 **조항**(clause)이라 한다. 또한, 추론함수 σ에 대해서 순서쌍 (Q, σ)를 **추론계**(surmise system)라 한다.

조건(2)의 의미는 "q의 각 조항의 원소는 그 조항에 포함되는 조항을 갖는다"이다. [그림 5-1]에서 C는 q의 조항이며, C의 원소 q'는 C에 포함되는 q'의 조항 C'를 포함함을 나타낸다. 조건(3)은 q의 각 조항은 자신보다 작은 집합의 조항을 갖지 않는다는 것을 의미한다. 그러므로 각 조항은 포함관계의 의미로 최소의 집합이어야 한다.

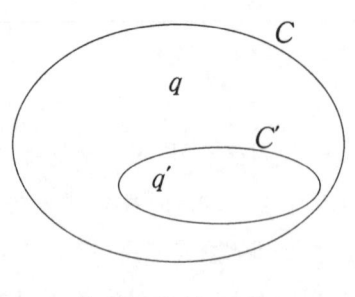

[그림 5-1] 조항

추론함수 σ에 대해서 q의 조항의 집합 $\sigma(q)$는 q를 포함하는 Q의 부분집합 몇 개로 구성되어 있다. C가 $\sigma(q)$의 원소라면 C에는 어떠한 의미를 부여할 수 있을까? 이 문제에 대해서 살펴보자.

우리는 평가문항을 학습의 주제와 동일하게 취급하자. 어떤 특정한 주제 q에 대해서 q를 학습하려면 그 이전에 학습해야할 학습 주제들이 있을 것이다. 또한, 일반적으로 학습의 주제는 개념의 전개 순서, 난이도 등에 따라 여러 갈래의 경로로 나뉜다. 각 경로 상에는 q의 선행학습에 필요한 학습 주제가 분포할 것이고, 또다시 선행학습 주제에 대한 선행학습 주제가 연결되어 있다. 이와 같은 상황에서 C를 각 경로의 하나로 보자. 또 다른 경로가 있다면 $\sigma(q)$의 또 다른 원소 C'로 보도록 하자. 그러면 위 정의의 (1), (2), (3)으로부터 C에 다음과 같은 의미를 부여할 수 있다.

(1) ↔ C는 주제 q를 포함한다.

(2) ↔ C에 포함되는 모든 주제는 C에 포함되는 그것의 선행학습 주제를 갖는다. 즉, C에 포함된 학습 주제는 C의 내부에서 모두 해결된다.

(3) ↔ C는 단 하나의 학습 경로만 나타낸다. 즉, 다른 학습 경로가 있으면

다른 조항 C' 등으로 나타낸다.

그러므로 C는 q를 최종 학습목표로 자체적으로 학습이 가능한 주제의 집합이며, 이러한 집합 중에서 최소의 집합이다.

【예제5.1】 $Q=\{a,b,c,d,e\}$에 대해서 함수 σ를 다음과 같이 정의하면 함수 σ는 Q 상의 추론함수가 된다.

$$\sigma(a)=\{\{a\}\}, \quad \sigma(b)=\{\{b,d\},\{a,b,c\},\{b,c,e\}\},$$

$$\sigma(c)=\{\{a,b,c\},\{b,c,e\}\}, \quad \sigma(d)=\{\{b,d\}\}, \quad \sigma(e)=\{\{b,c,e\}\}$$

이것을 확인하여 보자. Q의 임의의 원소 x와 $\sigma(x)$의 임의의 원소 C는 x를 포함한다. 예를 들어, $\sigma(b)$는 세 개의 원소 $\{b,d\}$, $\{a,b,c\}$, $\{b,c,e\}$로 이루어져 있으며, 이들의 각각은 b를 포함하고 있다.

추론함수의 공리(2)를 만족하는 것을 예를 통하여 설명하자. b의 조항 $\{a,b,c\}$에 대해서, 이 조항은 세 개의 원소 a,b,c를 포함한다. a에 대해서는 $\{a\} \subseteq \{a,b,c\}$이므로 조항 $\{a\}$를 택하면 되고, b에 대해서는 b의 조항 $\{a,b,c\}$를 택하면 $\{a,b,c\} \subseteq \{a,b,c\}$를 만족한다. c에 대해서는 역시 c의 조항으로 $\{a,b,c\}$를 택하면 $\{a,b,c\} \subseteq \{a,b,c\}$가 성립한다. 이와 같은 과정을 Q의 모든 원소와 그것의 모든 조항에 대해서 확인하면 된다.

추론함수의 공리(3)을 만족하는 것도 하나의 조항에 대해서 설명함으로써 방법의 설명을 대신하자. c에 대해서 $\sigma(c)$는 두 개의 원소 $\{a,b,c\}$와 $\{b,c,e\}$를 갖는다. 이 두 조항은 서로에 대해서 포함관계가 성립하지 않는다. 즉, 각각이 $\sigma(c)$의 내부에서는 최소 집합이다.

한편, 집합 Q에 대해서 함수 λ를 다음과 같이 정의할 때 함수 λ는 속성함수이지만 추론함수는 아니다.

$$\lambda(a) = \{\{a, b, c\}, \{c, d\}\}, \quad \lambda(b) = \{\{e\}\},$$

$$\lambda(c) = \{\{c\}\}, \quad \lambda(d) = \{\{d\}\}, \quad \lambda(e) = \{\{a, d\}, \{b\}\}$$

실은, $\lambda(a)$의 원소 $\{c, d\}$는 a를 포함하지 않으므로 조건(1)에 위배된다. 이것으로 λ가 추론함수가 아님을 알았지만 이해를 위해서 다른 방법으로 설명하여 보자. $\lambda(a)$의 원소 $\{a, b, c\}$에 대하여 b는 어떠한 $\lambda(b)$의 원소도 $\{a, b, c\}$에 포함되지 않는다. b의 조항으로 집합 $\{e\}$가 유일하게 있지만 $\{e\} \not\subseteq \{a, b, c\}$이다.

우리는 속성함수를 이용하여 다음과 같이 지식상태를 정의하여 일의적으로 지식공간을 생성할 수 있다.

> **정리5.2** 집합 Q에 정의된 속성함수 σ에 대하여 Q의 부분집합 K는 다음과 같은 조건을 만족할 경우 지식상태로 정의하자.
> "K의 모든 원소 q에 대해서 $C \subseteq K$를 만족하는 $\sigma(q)$의 원소 C가 존재한다."
> 이와 같은 K의 모임을 $\mathbb{K}$라 하면 $(Q, \mathbb{K})$는 지식공간이 된다. 또한, 만일 속성함수 σ가 추론함수이면 지식공간 $(Q, \mathbb{K})$는 세분적이다.

[증명] 공집합 ϕ는 원소가 전혀 없으므로 지식상태의 정의 조건을 위배하지 않는다. 그러므로 ϕ는 $\mathbb{K}$에 포함된다. 또한 집합 Q는 모든 조항들을 포함하므로 $Q \in \mathbb{K}$이다. $\mathbb{K}$에 속하는 임의의 개수의 지식상태 K_a에 대해서 $K = \bigcup_a K_a$라 하고 q를 K의 임의의 원소라 하자. 그러면 q는 적당한 a에 대해서 $q \in K_a$가 성립한다. 한편 K_a는 $\mathbb{K}$의 원소이므로 $C \subseteq K_a$를 만족하는 $\sigma(q)$의 원소 C가 존재하여 $C \subseteq K$를 만족한다. 그러므로 $K \in \mathbb{K}$이어서 $\mathbb{K}$는 지식공간이 된다.

σ가 추론함수라 가정하자. 그러면 임의의 $K \in \mathbb{K}$와 임의의 $q \in K$에 대해서 지식상태의 정의 조건으로부터 $q \in C \subseteq K$를 만족하는 $\sigma(q)$의 원소 C가 존재한다. C가 q의 원자임을 보이자. 만일 $q \in D \subset C$인 $\mathbb{K}$의 원소 D가 존재하면 지식상

태 D의 정의 조건으로부터 $q \in C' \subseteq D$를 만족하는 $\sigma(q)$의 원소 C'가 존재하여야 한다. 이 때, C, C'는 모두 $\sigma(q)$에 포함되고 $C' \subset C$이므로 추론함수의 공리(3)에 위배된다. 그러므로 C는 K에 포함되는 q의 원자이다. 따라서 지식공간 (Q, K)는 세분적이다. □

속성함수 σ로부터 [정리 5.2]와 같은 일의적 방법에 의해서 얻어지는 지식공간 (Q, K)를 **σ에 의해서 생성된 지식공간**(knowledge space produced by σ)이라 부른다.

속성함수는 지식공간을 일의적으로 결정하지만 역은 성립하지 않는다. 즉, 서로 다른 두 개의 속성함수가 같은 지식공간을 생성할 수도 있다. 예를 들어, [예제 5.1]에서 정의한 속성함수 λ와 다음과 같이 정의되는 속성함수 μ를 비교하여 보자.

$$\mu(a) = \{\{a, b, c\}, \{c, d\}\}, \quad \mu(b) = \{\{e\}\},$$
$$\mu(c) = \{\phi, \{c\}\}, \quad \mu(d) = \{\{d\}\}, \quad \mu(e) = \{\{a, d\}, \{b\}\}$$

$\lambda(c) \neq \mu(c)$이므로 두 속성함수는 서로 다르다. 그러나 $Q = \{a, b, c, d, e\}$의 어떤 부분집합 K가 c를 포함하면 $\{c\} \subseteq K$를 만족하므로 K가 지식상태인지 아닌지에 대해서 공집합 $\phi \in \mu(c)$는 아무 영향을 주지 않는다. 그러므로 속성함수 λ, μ에 의해서 생성되는 지식공간은 같다.

그러나 속성함수를 추론함수로 제한하면 지식공간의 생성 방법은 일대일 대응이 된다. 이것을 증명하기 전에 추론함수의 각 조항들은 그것에 의해 생성된 지식공간에서 어떤 역할을 하는지 살펴보자.

정리5.3 집합 Q에 정의된 추론함수 σ와 이것에 의해서 생성된 세분적 지식공간 (Q, K)를 생각하자. 그러면, 모든 $\sigma(q)$는 지식공간 (Q, K) 대한 q의 원자 전체의 집합과 같다.

[증명] σ가 추론함수이므로, $C \in \sigma(q)$라 하면 [정의 5.1]의 (1)과 (2)에 의해서 $q \in C$와 $C \in K$가 성립한다. 즉, C는 지식공간 (Q, K)에서 q를 포함하는 하나의 지식상태가 된다. 만일 q를 포함하는 지식상태 D가 존재하여 $D \subset C$를 만족한다고 가정하자. 그러면 [정리 5.2]로부터 $C' \in \sigma(q)$가 존재하여 $C' \subseteq D$를 만족하여야 한다. 그러므로 C', C가 모두 $\sigma(q)$에 속하면서 $C' \subset C$인 관계를 만족하므로 추론함수의 공리(3)에 위배된다. 따라서 C는 q를 포함하는 최소의 지식상태이므로 q의 원자이다.

역을 증명하기 위해서 C를 Q의 어떤 원소 q의 원자라 하자. 그러면 원자도 하나의 지식상태이므로 어떤 $C' \in \sigma(q)$가 존재해서 $C' \subseteq C$를 만족한다. 만일 포함관계 $C' \subset C$가 성립한다고 가정하자. $\sigma(q)$의 모든 원소는 지식상태이므로 $C' \in K$이다. 이것은 C가 q의 원자이라는 것에 모순이다. 그러므로 $C = C'$가 성립하며, 따라서 $C \in \sigma(q)$이다. □

> **정리5.4** [정리 5.2]에서의 방법으로 지식공간을 정의하면 모든 추론함수는 세분적 지식공간을 유일하게 결정하며, 또한 이렇게 생성된 세분적 지식공간은 원래의 추론함수로만 생성할 수 있다. 즉, 다른 추론함수로는 같은 세분적 지식공간을 생성할 수 없다.

[증명] 증명의 편의를 위하여 다음과 같은 기호를 사용하자.

$\widetilde{K} = Q$에서의 모든 세분적 지식공간의 집합

$\widetilde{F} = Q$에 정의된 모든 추론함수의 집합

이 때 다음과 같이 정의되는 함수 $s: \widetilde{K} \to \widetilde{F}$를 생각하자.

$s(K) = \sigma \quad \sigma(q) = \{$지식공간 (Q, K)에 대한 q의 원자$\}$

함수 σ가 추론함수임을 보이자. Q의 모든 원소 q에 대해서 q의 원자는 항상 존재하므로 $\sigma(q) \neq \phi$이다. 따라서 함수 σ는 속성함수임을 알 수 있다. 또한 q의 모든 원자는 q를 포함하므로 추론함수의 공리(1)을 만족한다. C를 q의 원자라

하고 q'가 C에 포함된다면 (Q,K)가 세분적 지식공간이므로 q'의 원자 C'가 존재하여 두 원자의 관계는 $C' \subseteq C$를 만족한다. 이것은 추론함수의 공리(2)를 만족한다. 역시, q의 원자 C는 q를 포함하는 최소의 지식상태이므로 보다 작은 q의 원자는 존재하지 않는다. 그러므로 공리(3)을 만족한다. 따라서 함수 σ는 추론함수이다. 이것은 s가 잘 정의되는 함수임을 말해준다.

K와 K′를 $\widehat{K}$의 원소로 K≠K′라 가정하고, $s(K)=\sigma$, $s(K')=\sigma'$라 놓자. 그러면 이들 지식공간의 기저는 서로 다르다. 또한 각 기저는 유일하게 존재하고 각 지식공간에 대한 원자의 집합과 일치한다. 따라서, Q의 어떤 원소 q에 대해서 $\sigma(q) \neq \sigma'(q)$가 성립하여야 한다. 이것은 함수 s는 단사임을 증명한 것이다.

σ를 F의 임의의 원소라 하고, K를 추론함수 σ에 의해서 생성되는 세분적 지식공간이라 하자. 이때 [정리 5.3]에 의하여 $\sigma(q)$는 지식공간 (Q,K)에서 q의 모든 원자의 집합이 된다. 이것은 함수 s의 정의에 의해서 $s(K)=\sigma$가 성립함을 의미한다. 따라서 함수 s는 전사이다.

결론적으로 위의 사실은 함수 s가 일대일 대응임을 말해 준다. □

위 정리에서 추론계 (Q,σ)는 세분적 지식공간 (Q,K)를 유일하게 결정함을 알았다. 그러므로 지식공간 (Q,K)의 단계성은 추론함수 σ에 의해서 결정된다고 볼 수 있다.

정리5.5 추론계 (Q,σ)에 의해서 생성된 지식공간 (Q,K)이 근본적 유한이라 하자. 이 때, 다음은 서로 동치이다.
(1) 지식공간 (Q,K)가 단계적이다.
(2) Q의 원소 q, q'에 대해서 $\sigma(q) \cap \sigma(q') \neq \phi$가 성립하면 $q^* = q'^*$이다.
(3) Q의 임의의 원소 q와 $\sigma(q)$의 임의의 원소 C에 대해서 $C - q^* \in K$이다.

[증명] (1)을 가정하고 (2)가 성립함을 보이자. 만일 $\sigma(q) \cap \sigma(q') \neq \phi$라면 $\sigma(q) \cap \sigma(q')$의 원소 C가 존재한다. 그러면, [정리 5.3]에 의해서 C는 q의 원자임과 동시에 q'의 원자이다. 만일 $q^* \neq q'^*$라 가정하고, P를 C를 포함하는 어떤 학습경로라 하자. 그러면 C의 임의의 원소 x에 대해서

$$C = K \cup x^* \quad K \in P - \{C\} \tag{A}$$

로 표현할 수 없다. 이것을 보이자. $x^* = q^*$와 어떤 $K \in P - \{C\}$에 대해서 $C = K \cup x^*$가 성립하면 $q' \in K \subset C$가 성립하므로 C는 q'의 원자가 아니다. 같은 방법으로 $x^* = q'^*$에 대해서도 (A)의 표현을 갖지 않는다. $x^* \neq q^*$, $x^* \neq q'^*$에 대해서 (A)의 표현을 갖는다면 역시 C가 q, q'의 원자라는 사실에 위배된다. 따라서 P는 점진적 경로가 아님을 알 수 있다. 이것은 [정리 4.14]에 의해서 모순이다. 그러므로 $q^* = q'^*$이다.

(2)는 성립하지만 (3)이 성립하지 않는다고 가정하자. 즉, Q의 어떤 원소 q와 $\sigma(q)$의 어떤 원소 C에 대해서 $C - q^* \notin K$라 가정하자. 그러면 [정리 5.2]에 의해서 $C - q^*$의 어떤 원소 q'에 대해서 $D \subseteq C - q^*$를 만족하는 $\sigma(q')$의 원소 D가 존재하지 않는다. 그러나 $C \in K$이므로 $C' \subseteq C$를 만족하는 $\sigma(q')$의 원소 C'가 존재한다. 이러한 C'에 대해서 $q^* \in C'$ (C'가 q^*의 어떤 원소를 포함한다는 의미)가 성립하여야 한다. 만일 $q^* \notin C'$ (C'가 q^*의 어떠한 원소도 포함하지 않는다는 의미)라 하면 바로 앞의 사실에 위배된다. 한편, C는 q의 원자이므로 $C' = C$가 성립하여야 한다. 이것은 $\sigma(q) \cap \sigma(q') \neq \phi$가 성립함을 나타낸다. 한편, $q' \in C - q^*$이므로 $q^* \neq q'^*$이고, 이것은 명제(2)에 위배된다. 그러므로 (3)이 성립한다.

(3)이 성립한다고 가정하자. 만일, 지식공간 (Q, K)가 단계적이 아니라면 [정리 4.14]에 의해서 점진적 경로가 아닌 학습경로 P가 존재한다. 그러므로 P의 공

집합이 아닌 어떤 원소 K에 대해서, K의 모든 원소 q에 대해 $K-q^* \notin P$이다. $K' = \cup \{L \in P | L \subset K\}$라 놓자. 그러면 P가 최대 연쇄이므로 $K' \in P$가 성립한다. 명백히 $K' \subset K$이므로 $K-K'$의 원소 r이 존재한다. 그러면 $r \in K$이므로 $C \subseteq K$를 만족시키는 $\sigma(r)$의 원소 C가 존재한다. 만일, $C \subset K$가 성립하면 K'의 정의로부터 $C \subseteq K'$가 성립하며, 따라서 $r \in K'$도 성립한다. 이것은 r의 선택에 모순이므로 $C=K$가 성립함을 알 수 있다. 그러므로 $K-r^* = C-r^*$이고, (3)이 성립함을 가정하였으므로 $K-r^* \in K$이다. r은 $K-K'$의 원소이고 $K' \subset K$이므로 $K' \subseteq K-r^*$가 성립한다. 한편, $K-r^* \subset K$이므로 K'의 정의로부터 $K-r^* \subseteq K'$이다. 따라서 $K' = K-r^*$가 성립한다. 이것은 $K-r^* \in P$를 의미하므로 모순이다. 그러므로 지식공간 (Q, K)는 단계적이다. □

2. 학습경로 그래프

　어떤 학습주제에 대해서 학생이 단계적으로 학습하여 효율적으로 목표에 도달하도록 인도하는 것은 교수-학습 모형의 설계에 있어서 가장 중요한 사항이다. 이 때, 우리는 그 주제를 학습하기 위해서 필요한 학습내용을 조사하고 몇 가지의 과정을 상정한다. 이러한 몇 가지의 과정 중에서 가장 효율적인 것을 택하는 것이 일반적이다.

　예를 들어 주제⑦을 학습하기 위해서는 선수학습으로 주제①, ②, ③을 학습하거나 또는 주제③, ④, ⑤, ⑥을 학습하는 방법이 있다고 하자. 이러한 방법의 모형을 [그림 5-2]와 같이 나타내면 학습과정을 쉽게 이해할 수 있다. 여기서 사용하는 a와 b는 가상의 정점으로 학습내용들을 묶음화하기 위해서 사용했다.

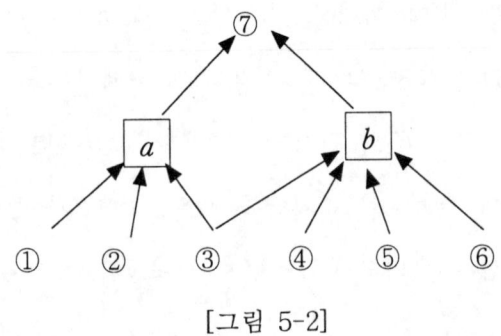

[그림 5-2]

위의 그림과 같은 그래프를 체계적으로 논하기 위하여 다음과 같은 정의를 도입하자.

정의5.6 유향 그래프 $G(V, E)$가 다음 다섯 가지의 조건을 모두 만족할 때 **AND-OR 그래프**라 한다.

(1) 두 개의 집합 V_{AND}, V_{OR}에 대해서 $V_{AND} \cap V_{OR} = \phi$이고 $V_{AND} \cup V_{OR} = V$이다.

(2) 집합 E의 원소는 $V_{AND} \times V_{OR}$의 원소이거나 또는 $V_{OR} \times V_{AND}$의 원소이다. 즉, $E \subseteq (V_{AND} \times V_{OR}) \cup (V_{OR} \times V_{AND})$ 이다.

(3) V_{AND}의 모든 원소 a에 대해서 $(a, a) \in E$를 만족하는 V_{OR}의 원소 a가 유일하게 존재한다.

(4) V_{OR}의 모든 원소 a에 대해서 $(a, a) \in E$가 성립하는 V_{AND}의 원소 a가 존재한다.

(5) 집합 $(V_{AND} \times V_{OR}) \cap E$의 두 원소 (a, a), (β, a)에 대해서

$$\{b \in V_{OR} | (b, a) \in E\} = \{b \in V_{OR} | (b, \beta) \in E\}$$

이면 $a = \beta$이다.

V_{AND}의 원소를 **AND-정점**(AND vertex)이라 하고 V_{OR}의 원소를 **OR-정점**(OR vertex)이라 한다. 이들의 구별을 위해서 AND-정점을 "∧", OR-정점을 "∨"로 표기하자. E의 원소를 **연결선**(edge)이라 한다. E의 원소는 (x, y)형의 순서쌍으로 표시되며, 이때 x를 **시점**, y를 **종점**이라 한다.

【예제5.2】 [그림 5-3]은 AND-OR 그래프의 예이다. 모든 AND-정점을 시점으로 하는 연결선은 유일함을 알 수 있다. 또한 모든 OR-정점에 대해서 이것을 종점으로 하는 연결선은 최소한 하나 존재함을 알 수 있다.

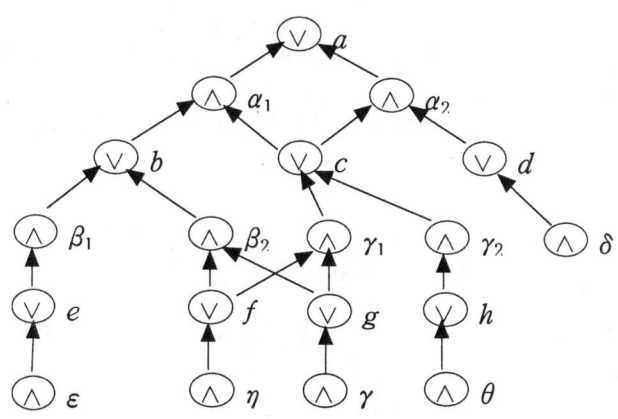

[그림 5-3] AND-OR그래프의 예

AND-OR 그래프는 학습과정을 나타낸다. 예를 들어 [그림 5-3]에서 a를 학습하기 위해서는 b, c 또는 c, d를 학습하여야 한다. 만일 c, d를 학습하기로 하였다면 h를 학습하고 c를 학습하여야 할 것이다. 이와 같이 AND-OR 그래프는 학습과정을 표시하기에 매우 편리한 그래프임을 알 수 있다.

주어진 AND-OR 그래프로부터 어떤 지식공간을 구성할 수 있다. 이 과정을 살펴보자.

정리5.7 $G(V, E)$를 AND-OR 그래프라 하자. K를 V_{OR}의 부분집합이라 할 때, 명제

"K의 모든 원소 a에 대해서 E의 어떤 원소 (a, a)가 존재하여
$$\{b \in V_{OR} \mid (b, a) \in E\} \subseteq K$$
이다."

를 만족하는 K의 집합을 K라 하면, (V_{OR}, K)는 지식공간이 된다.

[증명] 명백히 공집합 ϕ와 V_{OR}은 K의 원소이다. 만일 K_i를 K의 원소들이라 하고 $K = \bigcup K_i$라 하자. a가 K의 원소라면 어떤 i에 대해서 $a \in K_i$가 성립하므로 E의 어떤 원소 (a, a)에 대해서 $\{b \in V_{OR} \mid (b, a) \in E\} \subseteq K_i$이다. 포함관계 $K_i \subseteq K$가 성립하므로

$$\{b \in V_{OR} \mid (b, a) \in E\} \subseteq K$$

이다. 이것은 $K \in \mathrm{K}$임을 나타내므로 (V_{OR}, K)는 지식공간이 된다. □

정리5.8 집합 Q에 정의되는 어떤 속성함수 σ에 대하여 이 함수에 대응하는 유향 그래프 $G(V, E)$를 다음과 같이 정의하자. $V_{OR} = Q$라 하고,
$$V_{AND} = \{(q, C) \mid C \in \sigma(q),\ q \in Q\},$$
$V = V_{OR} \cup V_{AND}$라 놓는다. 그리고 연결선의 집합 E는 다음과 같이 취한다.
$$E = E_1 \cup E_2,$$
$$E_1 = \{((q, C), q) \mid (q, C) \in V_{AND}\},$$
$$E_2 = \{(p, (q, C)) \mid (q, C) \in V_{AND},\ p \in C\}$$
이 때, $G(V, E)$는 AND-OR 그래프이다.

[**증명**] [정의 5.6]의 (1)과 (2)는 V, E의 정의로부터 명백하다. 그러므로 나머지 세 개의 요구조건을 확인하자.

임의의 $a \in V_{AND}$에 대해서, $a = (q, C)$로 표현할 수 있는 $q \in Q$와 $C \in \sigma(q)$가 존재한다. 이러한 q와 C에 대해서 $((q, C), q) \in E_1$이다. 한편, E_1의 정의로부터 이러한 연결선의 존재는 유일하다.

임의의 $a \in V_{OR}$에 대해서 $V_{OR} = Q$이고 $\sigma(a) \neq \phi$이므로 $\sigma(a)$의 어떤 원소 C가 존재한다. 따라서, $((a, C), a) \in E_1$이다.

집합 $(V_{AND} \times V_{OR}) \cap E$의 두 원소 (a, a), (β, a)를 택하자. 그리고
$$\{b \in V_{OR} | (b, a) \in E\} = \{b \in V_{OR} | (b, \beta) \in E\}$$
가 성립한다고 하자. (a, a)와 (β, a)는 모두 E_1에 속하므로 $\sigma(a)$의 어떤 원소 C, C'에 대하여 $a = (a, C)$, $\beta = (a, C')$로 표시할 수 있다. 그러면, E_2의 정의로부터
$$C = \{b \in V_{OR} | (b, a) \in E\} = \{b \in V_{OR} | (b, \beta) \in E\} = C'$$
를 얻는다. 그러므로 $a = \beta$이다.

결국, $G(V, E)$는 [정의 5.5]의 모든 조건을 만족한다. □

위 정리의 역으로, 어떤 AND-OR 그래프 $G(V, E)$에 대해서 OR-정점의 집합에 정의되는 속성함수 σ를 구성하자. $Q = V_{OR}$의 임의의 원소 q에 대해서 $\sigma(q)$의 원소를 다음 조건을 만족하는 집합 C의 집합으로 정의한다.

"어떤 E의 원소 (a, q)에 대해서 $C = \{b \in Q | (b, a) \in E\}$이다."

그러면 σ는 집합 Q에 정의되는 속성함수이다.

[정리 5.8]에서의 구성방법과 위의 방법을 각각 함수 s와 t로 표시하면, 이들 함수 $s: \widehat{A} \to \widehat{G}$와 $t: \widehat{G} \to \widehat{A}$는 잘 정의된다. 단,
$$\widehat{A} = \{Q \text{ 에 정의되는 속성함수 } \sigma\},$$

$$\tilde{G} = \{\text{OR-정점의 집합이 } Q \text{인 AND-OR 그래프 } G(V, E)\}$$
이다.

정리5.9 위에서 정의한 두 함수 s와 t는 역함수 관계이다. 그러므로 이러한 대응은 일대일 대응이다.

위 정리의 증명은 집합 $\tilde{G}$에 포함되는 원소간의 동치관계를 명확히 하여야 하는 관계로 몇 가지의 준비과정이 필요하다. 그러므로 증명은 생략한다.

【예제5.3】 [예제 5.1]에서 정의한 것처럼 집합 $Q = \{a, b, c, d, e\}$에 정의되는 추론함수 σ를 고려하자.

$$\sigma(a) = \{\{a\}\}, \quad \sigma(b) = \{\{b, d\}, \{a, b, c\}, \{b, c, e\}\}, \quad \sigma(c) = \{\{a, b, c\}, \{b, c, e\}\},$$
$$\sigma(d) = \{\{b, d\}\}, \quad \sigma(e) = \{\{b, c, e\}\}$$

이 때, OR-정점의 집합을 다음과 같이 놓는다.

$$V_{OR} = \{a, b, c, d, e\}$$

그리고 AND-정점의 집합을 정의하기 위하여 다음과 같이 표기하자.

① $= (a, \{a\})$, ② $= (b, \{b, d\})$, ③ $= (b, \{a, b, c\})$, ④ $= (b, \{b, c, e\})$,

⑤ $= (c, \{a, b, c\})$, ⑥ $= (c, \{b, c, e\})$, ⑦ $= (d, \{b, d\})$, ⑧ $= (e, \{b, c, e\})$

그러면 $V_{AND} = \{①, ②, ③, ④, ⑤, ⑥, ⑦, ⑧\}$를 얻는다. 앞의 구성 방법을 따르면 연결선의 집합 $E = E_1 \cup E_2$가 얻어진다.

$E_1 = \{(①, a), (②, b), (③, b), (④, b), (⑤, c), (⑥, c), (⑦, d), (⑧, e)\}$

$E_2 = \{\ (a, ①), (b, ②), (d, ②), (a, ③), (b, ③), (c, ③), (b, ④),$

$(c, ④), (e, ④), (a, ⑤), (b, ⑤), ((c, ⑤), (b, ⑥), (c, ⑥),$

$(e, ⑥), (b, ⑦), (d, ⑦), (b, ⑧), (c, ⑧), (e, ⑧)\}$

정점의 집합 $V = V_{OR} \cup V_{AND}$에 대한 AND-OR그래프 $G(V, E)$를 시각적으로 나

제5장 학습경로의 탐색

타내면 [그림 5-4]와 같다.

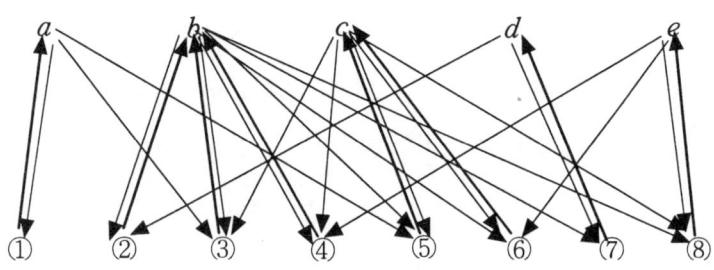

[그림 5-4] AND-OR 그래프의 도식화

정리5.10 집합 Q에 대해서

  A: Q에 정의된 속성함수 전체의 집합

  G: Q를 OR-정점의 집합으로 하는 AND-OR그래프 전체의 집합

  K: Q에 대한 지식공간 전체의 집합

이라 놓고, 세 함수 ι, χ, λ를 다음과 같이 정의하자.

  $\iota: \mathbf{A} \to \mathbf{G}$ $\iota(\sigma)=$[정리 5.8]에 의해서 결정되는 AND-OR그래프 G

  $\chi: \mathbf{G} \to \mathbf{K}$ $\chi(G)=$[정리 5.7]에 의해서 결정되는 지식공간 K

  $\lambda: \mathbf{A} \to \mathbf{K}$ $\lambda(\sigma)=$[정리 5.2]에 의해서 결정되는 지식공간 K

이 때, $\chi \circ \iota = \lambda$가 성립한다([그림 5-5]).

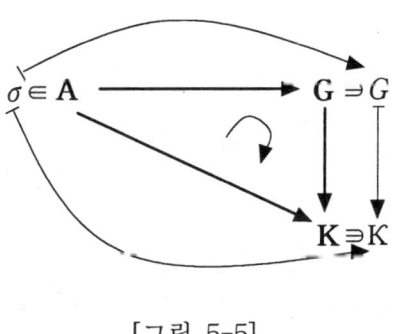

[그림 5-5]

[증명] **A**의 임의의 원소 σ에 대해서 $(\chi \circ \iota)(\sigma)=K_1$, $\lambda(\sigma)=K_2$라 놓고

$K_1 = K_2$가 성립함을 보이면 된다. K_1의 임의의 원소 K를 생각하자. $\iota(\sigma) = G$ 라면 그래프 $G(V, E)$에 대해서 AND-정점의 집합은

$$V_{AND} = \{(q, C) \mid C \in \sigma(q),\ q \in Q\}$$

이다. K의 임의의 원소 q에 대해서 q를 종점으로 하는 연결선은

$$((q, C), q),\ C \in \sigma(q)$$

로 표시되고, 모든 $C \in \sigma(q)$에 대해서 등식

$$C = \{p \in Q \mid (p, (q, C)) \in E\}$$

가 만족한다. 그러므로 [정리 5.7]에 의해서 어떤 $C \in \sigma(q)$에 대해서 $C \subseteq K$가 성립한다. 따라서 $C \in K_2$이다.

반대의 포함관계가 성립함을 보이자. K_2의 임의의 원소 K를 택하자. K의 임의의 원소 q에 대해서 $C \subseteq K$를 만족하는 $\sigma(q)$의 원소 C가 존재한다. 한편, 그래프 $G(V, E)$의 정의로부터 (q, C)는 G의 AND-정점이고,

$$C = \{p \in Q \mid (p, (q, C)) \in E\}$$

로 표현되므로 $\{p \in Q \mid (p, (q, C)) \in E\} \subseteq K$이다. 그러므로 $K \in K_1$이다. □

제 6 장 함의와 메쉬

2장의 후반부에서 어떤 지식공간이 준순서공간이면 어떤 준순서 관계에 의해서 일의적으로 결정됨을 알았다. 역시, 5장에서는 세분적 지식공간은 추론함수에 의해서 일의적으로 결정됨을 확인하였다. 본 장에서는 지식공간을 일의적으로 결정하는 요소를 찾아보자.

더불어, 몇 개의 주어진 지식공간에 대하여 이들을 포괄하는 지식구조의 존재성을 살펴보고, 이 지식구조의 성질을 조사하여 보자.

1. 함의

어떤 평가 결과에 대해서 다음과 같은 해석을 할 수 있다고 가정하자.

"$\{q_1, q_2, \cdots, q_n\}$에 속하는 모든 문제를 틀리면 문항 q는 반드시 틀린다."
이러한 경우는 흔히 있을 수 있다. 예를 들어, q를 학습하기 전에 $\{q_1, q_2, \cdots, q_n\}$에 속하는 내용을 적어도 하나는 학습하여야만 한다면 위의 해석은 타당하다.

위의 해석 결과를 순서쌍 $(\{q_1, q_2, \cdots, q_n\}, q)$로 나타내자. 이 때, 평가문항 전체의 집합을 Q라 하면, 이러한 순서쌍의 모임은 4장에서 정의한 $2^Q - \{\phi\}$에서 Q로의 관계이다. 이 관계를 P라 놓으면, 평가로부터 얻을 수 있는 지식상태 K는 다음의 방법으로 특성화될 것이다.

$K \Leftrightarrow A \cap K = \phi$인 모든 $(A, q) \in$ P 에 대해서 $q \notin K$

반대로, 평가 결과로부터 얻은 지식공간 K는 관계 P를 다음과 같이 정의해준다.

$$A \mathrel{P} q \Leftrightarrow A \cap K = \phi \text{를 만족하는 모든 } K \in \mathrm{K} \text{에 대해서 } q \notin K \qquad (A)$$

본 절에서는 $2^Q - \{\phi\}$에서 Q로의 관계 P와 Q에 정의된 지식공간 K의 상호 결정관계를 상세히 취급하자.

정리6.1 지식구조 (Q, K)에 대해서 $2^Q - \{\phi\}$에서 Q로의 관계 P를 위의 (A)와 같이 정의하자. 그러면 다음이 성립한다.

(1) Q의 공집합이 아닌 부분집합 A와 A의 원소 p에 대해서 $(A, p) \in \mathrm{P}$이다.

(2) A, B를 공집합이 아닌 Q의 부분집합이라 하고 p를 Q의 원소라 놓자. 이 때, 모든 $b \in B$에 대해서 $(A, b) \in \mathrm{P}$이고 $(B, p) \in \mathrm{P}$이면 $(A, p) \in \mathrm{P}$이다.

[증명] 임의의 $K \in \mathrm{K}$에 대해서 $A \cap K = \phi$라고 하자. 그러면 포함관계 $A \subseteq K^c$를 만족하여야 하므로 $p \notin K$이다. 그러므로 (1)이 성립한다.

(2)를 증명하자. K의 원소 K가 $A \cap K = \phi$를 만족한다고 가정하면, 모든 $b \in B$에 대해서 $(A, b) \in \mathrm{P}$이므로 $b \notin K$이다. 그러므로 $B \cap K = \phi$를 만족한다. 한편, $(B, p) \in \mathrm{P}$이므로 $p \notin K$이다. 따라서, $(A, p) \in \mathrm{P}$이다. □

위 정리에서 알 수 있듯이 지식구조로부터 얻은 관계 P는 매우 특수한 성질을 갖는다. 이러한 성질로 우리가 취급할 관계를 구체화하자.

정의6.2 공집합이 아닌 집합 Q에 대해서 $2^Q - \{\phi\}$에서 Q로의 관계 P가 [정리 6.1]의 (1)과 (2)를 만족하면, 관계 P를 Q에 대한 **함의**(含意: entailment)라 한다.

다음 정리는 함의의 집합과 지식공간의 집합 사이에 어떤 일대일 대응을 제공한다. 그러므로 이러한 대응에 의해서 상호의 원소들은 서로 일의적으로 결정됨을 알 수 있다.

정리6.3 공집합이 아닌 집합 Q에 대해서, 두 집합 **E** 와 **S** 를 다음과 같이 정의하자.

$$\mathbf{E} = \{\, P \mid P : Q \text{에서의 함의}\,\}$$

$$\mathbf{S} = \{\, K \mid K : Q \text{에 대한 지식공간}\,\}$$

이 때, **E** 와 **S** 사이에는 일대일 대응이 존재한다.

[증명] 두 함수 $f : \mathbf{S} \to \mathbf{E}$ 와 $g : \mathbf{E} \to \mathbf{S}$ 를 다음과 같이 정의하자.

$f(K) = P$
$A\,P\,q \Leftrightarrow A \cap K = \phi$ 를 만족하는 모든 $K \in \mathbf{K}$ 에 대해서 $q \notin K$ 이다.

$g(P) = K$
$K \in \mathbf{K} \Leftrightarrow A \cap K = \phi$ 를 만족하는 모든 $(A, p) \in P$ 에 대해서 $p \notin K$ 이다.

K가 지식공간이므로 [정리 6.1]에 의해서 함수 f 는 잘 정의된다.

함수 g 가 잘 정의되는 함수임을 보이자. 명백히 $\phi \in \mathbf{K}$ 이다. 또한, $(A, q) \in P$ 를 만족하는 A 는 $A \neq \phi$ 이므로 $A \cap Q = A \neq \phi$ 이다. 이것은 지식상태 정의의 가정부분을 거짓되게 하므로 $Q \in \mathbf{K}$ 이다. $\mathbf{K}$ 가 합집합 연산에 대해서 닫혀있는 것을 보이기 위해서 $\mathbf{K}$ 의 임의의 부분집합 $\{K_\alpha\}$ 에 대해서 $K = \bigcup_\alpha K_\alpha$ 라 놓자. Q의 공집합이 아닌 부분집합 A와 Q의 원소 p에 대해서 $A \cap K = \phi$, $(A, p) \in P$ 라고 하자. 그러면,

$$A \cap K = \bigcup_\alpha (A \cap K_\alpha) = \phi$$

이므로 모든 α에 대해서 $A \cap K_\alpha = \phi$ 이고, 따라서 $p \notin K_\alpha$ 이다. 결국 $p \notin K$ 가 성립하여 $K \in \mathbf{K}$ 이다. 그러므로 $\mathbf{K}$ 는 지식공간이다. 이상으로부터 함수 g 는 잘 정의

되는 함수이다.

함수 f가 일대일 대응임을 보이기 위해서 우선 $(g \circ f)(K) = K$가 성립함을 보이자. 편의상 $f(K) = P$, $g(P) = K'$라 놓고, $K = K'$가 성립함을 보이면 된다. 임의의 $K \in \mathbf{K}$에 대해서 Q의 공집합이 아닌 부분집합 A와 Q의 원소 q에 대해 $A \cap K = \phi$, $(A, p) \in P$가 성립한다고 가정하자. 그러면 함수 f의 정의로부터 $p \notin K$이다. 이것은 함수 g의 정의로부터 $K \in K'$임을 알려준다. 따라서 $K \subseteq K'$이다. 반대의 포함관계를 보이자. 어떤 $L \in K'$에 대해서 $L \notin \mathbf{K}$라고 가정하자. 그리고 $L^\#$를 L에 포함되는 $\mathbf{K}$의 원소 중에서 최대인 것으로 놓자. $\mathbf{K}$는 지식공간이기 때문에

$$L^\# = \bigcup_{M \in \mathbf{K}, M \subseteq L} M$$

로 표현할 수 있다. 명백히 $L^\# \subseteq L$이고 $L \notin \mathbf{K}$이므로 $L - L^\#$의 어떤 원소 p가 존재한다. $A = Q - L$라 놓자. 그리고 $K \in \mathbf{K}$에 대해서 $A \cap K = \phi$라 가정하면 집합 A의 정의로부터 $K \subseteq L$이다. 또한, $L^\#$는 L에 포함되는 $\mathbf{K}$의 최대 원소이므로 $K \subseteq L^\#$가 성립한다. 따라서, $p \notin L^\#$이므로 $p \notin K$이다. K는 임의이므로 함수 f의 정의에 의해 $(A, p) \in P$이다. 한편, A의 정의로부터 $A \cap L = \phi$이다. $L \in K'$이므로 함수 g의 정의로부터 $p \notin L$이다. 이것은 p의 선택에 모순이 된다. 지금까지의 과정은 $K' \subseteq K$임을 보였고, 따라서 $K = K'$이다.

임의의 $P \in \mathbf{E}$에 대해서 $(f \circ g)(P) = P$가 성립함을 보이자. $g(P) = K$, $f(K) = R$이라 놓고, $P = R$이 성립함을 보이면 된다. Q의 공집합이 아닌 부분집합 A와 Q의 원소 p에 대해서 $(A, p) \in P$라 가정하자. 이 때, $A \cap K = \phi$를 만족하는 $K \in \mathbf{K}$를 임의로 택하자. $g(P) = K$이므로 $p \notin K$이어야 한다. 결국, $A \cap K = \phi$를 만족하는 모든 K는 $p \notin K$이다는 것을 보인 것이므로 함수 f의 정의에 의해서 $(A, p) \in R$이 성립한다. 따라서 $P \subseteq R$이 성립한다.

반대의 포함관계를 보이자. 어떤 $(A, p) \in R$에 대해서 $(A, p) \notin P$라 가정하고 모순을 유도하자. $K = \{q \in Q | (A, q) \notin P\}$라 놓으면 $p \in K$이다. 한편, Q의 공집합이 아닌 부분집합 B와 Q의 원소 q에 대해서 $(B, q) \in P$, $B \cap K = \phi$라 가정하자. 그러면, 집합 K의 정의로부터 모든 $b \in B$에 대해서 $(A, b) \in P$가 성립한다. 따라서 [정리 6.1]의 (2)에 의해서 $(A, q) \in P$이다. 이것은 집합 K의 정의로부터 $q \notin K$를 의미한다. 그러므로 함수 g의 정의에 의해서 $K \in \mathbb{K}$이다. 한편, [정리 6.1]의 (1)에 의해서 $A \cap K = \phi$이다. 앞에서 $(A, p) \in R$이라 가정하였고 $K \in \mathbb{K}$이므로 함수 f의 정의로부터 $p \notin K$가 성립한다. 이것은 모순이다. 그러므로 $R \subseteq P$이고, 따라서 $R = P$를 증명하였다.

결국, 두 함수 f, g는 서로 역함수의 관계이다. 그러므로 함수 f는 전단사이다. □

위의 정리에서 함의 P와 이것에 대응되는 지식공간 $\mathbb{K}$에 대해, "$\mathbb{K}$는 P에 의해서 유도된 지식공간"이라 하고 "P는 $\mathbb{K}$에 의해서 유도된 함의"라고 한다.

【예제6.1】 6개의 원소를 갖는 집합 $Q = \{a, b, c, d, e, f\}$에 대해서 $\mathbb{K}$를 다음과 같이 정의하자.

$$\mathbb{K} = \{K \subseteq Q | \#(K) = 0 \text{ 또는 } \#(K) \geq 4\}$$

이 때, $(Q, \mathbb{K})$는 지식공간임을 쉽게 확인할 수 있다.

한편, $2^Q - \{\phi\}$에서 Q로의 관계 P를 다음과 같이 정의하자.

$$A \, P \, q \Leftrightarrow q \in A \text{ 또는 } \#(A) \geq 3$$

그러면, 관계 P는 함의이다. 이것을 확인하여 보자. 모든 $q \in A$에 대해서 위의 정의로부터 $A \, P \, q$가 성립하는 것은 명백하다. [정리 6.1]의 (2)가 성립함을 보이자. $2^Q - \{\phi\}$의 원소 A, B와 Q의 원소 q에 대해서, 모든 $b \in B$에 대해 $A \, P \, b$이고 BPq라 가정한다. $\#(A) \geq 3$일 경우, 관계 P의 정의에 의해서 APq이다. 반면, $\#(A) \leq 2$일 경우, $B \subseteq A$이어야만 위의 가정이 성립한다. 그러므로 $\#(B) \leq 2$이고 따라서 $q \in B$이어야만 한다. 결국, $q \in A$이므로 APq가 성립한다. 그러므로 관계 P는 함의이다.

지식공간 K와 함의 P는 서로 상대로부터 유도된다. 이것을 확인하자. Q의 부분집합 K에 대해서 K가 지식상태이기 위해서는 다음 조건을 만족하여야 한다.

"$A \cap K = \phi$인 모든 $(A, q) \in P$에 대해서 $q \notin K$이다."

먼저, $\#(K) \geq 4$일 경우, $A \cap K = \phi$를 만족하려면 $\#(A) \leq 2$가 성립하여야 한다. 그러므로 관계 P의 정의로부터 APq가 성립하려면 $q \in A$이어야 한다. 따라서 $q \notin K$이므로 위의 조건을 만족한다. 그러므로 $\#(K) \geq 4$인 모든 K는 지식상태이다. $0 < \#(K) \leq 3$일 경우, $A = Q - K$라 놓고 K의 원소 q를 택하자. 그러면 명백히 $A \cap K = \phi$이고, $\#(A) \geq 3$이므로 APq이다. 그러므로 $0 < \#(K) \leq 3$을 만족하는 K는 지식상태가 될 수 없다. 마지막으로 $\#(K) = 0$인 경우 즉, $K = \phi$라면 위의 조건을 만족한다. 따라서, 함의 P에 의해서 유도되는 지식공간은 K임을 알 수 있다.

반대로 함의 P가 지식공간 K로부터 유도됨을 보이자. $A \in 2^Q - \{\phi\}$에 대해서, 집합 A의 원소의 개수에 따라 나누어서 생각하자. 먼저, $\#(A) \geq 3$일 경우, $A \cap K = \phi$를 만족하는 $K \in K$는 반드시 $\#(K) \leq 3$이어야 한다. 그러므로 $K = \phi$이고, 따라서 Q의 모든 원소에 대해서 $q \notin K$이다. 그러므로 $\#(A) \geq 3$이면 모든 $q \in Q$에 대해서 $(A, q) \in P$이다. 또한, $\#(A) \leq 2$일 경우, $K = Q - A$라 놓자. 그러면 $\#(K) \geq 4$이므로 $K \in K$이다. 또한, $A \cap K = \phi$이다. 그러므로 $q \notin K$를 만족하려면 $q \in A$이어야 한다. 그러므로 지식공간 K는 함의 P를 유도한다.

위의 예에서는 서로 유도되는 지식공간 K와 함의 P를 구성하기 위해서 비교적 복잡한 과정을 거쳤다. 다음 정리는 보다 용이한 유도 방법을 제시한다.

정리6.4 집합 Q에 대한 지식공간 K와 함의 P는 서로로부터 유도되고, Q의 부분집합 A에 대해서 L_A를 A와 만나지 않는 K의 원소 중에서 최대의 것으로 놓자. 즉, $L_A = \bigcup_{M \cap A = \phi, M \in K} M$ 라 놓자. 그러면 다음이 성립한다.

(1) $A \in 2^Q - \{\phi\}$와 $q \in Q$에 대해서, $A \, P \, q \Leftrightarrow q \notin L_A$

(2) Q의 부분집합 K에 대해서, $K \in K \Leftrightarrow K = \{p \in Q \,|\, (Q-K, p) \notin P\}$

[**증명**] (1)을 증명하자. $q \in L_A$라고 가정하면 $K \cap A = \phi$를 만족하는 K의 어떤 원소 K에 대해서 $q \in K$이다. 이것은 $(A, q) \notin P$을 의미하고, 결국

$$A \, P \, q \Rightarrow q \notin L_A$$

이 성립한다. $(A, q) \notin P$라 가정하면, 어떤 $K \in K$에 대해서 $A \cap K = \phi$이고 $q \in K$이다. 이것은 L_A의 정의로부터 $q \in L_A$가 성립한다. 그러므로

$$A \, P \, q \Leftarrow q \notin L_A$$

이 성립한다.

(2)를 증명하자. $K \in K$라 할 때, 등식

$$K = \{p \in Q \,|\, (Q-K, p) \notin P\}$$

가 성립함을 보이자. 만일, $q \in K$에 대해서 $(Q-K, q) \in P$가 성립한다고 가정하면

$$(Q-K) \cap K = \phi$$

이므로 $q \notin K$가 성립하여야 하고, 이것은 q의 선택에 모순이다. 그러므로 $(Q-K, q) \notin P$가 성립하여야 한다. 따라서 포함관계

$$K \subseteq \{p \in Q \,|\, (Q-K, p) \notin P\}$$

가 성립한다. 반대의 포함관계를 보이기 위해서 $(Q-K, p) \notin P$라 하자. 그러면

어떤 $L \in K$에 대해서

$$(Q-K) \cap L = \phi, \ p \in L$$

가 성립한다. 한편, 등식 $(Q-K) \cap L = \phi$로부터 $L \subseteq K$이므로 $p \in K$이다. 따라서 포함관계

$$K \supseteq \{p \in Q \mid (Q-K, p) \notin \mathrm{P}\}$$

가 성립하여, 결국 $K = \{p \in Q \mid (Q-K, p) \notin \mathrm{P}\}$임을 보였다.

역을 증명하자. 즉,

$$K = \{p \in Q \mid (Q-K, p) \notin \mathrm{P}\} \in \mathbb{K}$$

임을 보이자. 어떤 $A \in 2^Q - \{\phi\}$와 어떤 $q \in Q$에 대해서

$$A \cap K = \phi, \ (A, q) \in \mathrm{P}$$

가 성립한다고 가정하자. 그러면 모든 $a \in A$에 대해서 $a \notin K$이고, 따라서 $a \in Q-K$이다. 그러므로, [정리 6.1]의 (1)에 의해서 $(Q-K, a) \in \mathrm{P}$가 성립한다. 또한, [정리 6.1]의 (2)를 적용하면 $(Q-K, q) \in \mathrm{P}$가 된다. 따라서, K의 정의로부터 $q \notin K$이다. 이상의 과정은 $K \in \mathbb{K}$임을 증명한 것이다. □

2. 메쉬

집합 Y, Z ($Y \cap Z \neq \phi$인 경우도 허용)로 표시되는 두 가지의 평가문항으로 어떤 집단을 각각 평가하면, 두 개의 지식구조 $(Y, \mathrm{F}), (Z, \mathrm{G})$가 얻어질 것이다. 그러면, 똑 같은 집단에 평가문항 $Y \cup Z$로 평가를 실시하여 얻은 지식구조는 앞의 두 지식구조와 어떤 관련성을 갖고 있을까? 분명히, 각 평가가 성실히 수행되었다고 가정하면, $Y \cup Z$를 사용한 평가에서 얻은 지식상태 K에 대해서 $K \cap Y \in \mathrm{F}$이고 $K \cap Z \in \mathrm{G}$일 것이다. 그러면 지식구조 $(Y, \mathrm{F}), (Z, \mathrm{G})$으로부터 실제 평가를 실시하지 않고, 이론상으로 $Y \cup Z$를 평가문항으로 했을 때의 지식구조를 얻는

제6장 함의와 메쉬

방법은 무엇일까? 본 절은 이러한 의문으로 시작하자.

논의의 편리함을 위해서 새로운 기호를 도입하자. 집합 Q와 집합 X, 그리고 2^Q의 부분집합 $\mathcal{F}$에 대해서

$$\mathcal{F}|_X = \{F \cap X \in 2^X \mid F \in \mathcal{F}\}$$

로 표시한다.

정의6.5 두 개의 지식구조 $(Y, \mathcal{F})$, $(Z, \mathcal{G})$에 대해서 $K|_Y = \mathcal{F}$, $K|_Z = \mathcal{G}$를 만족하는 지식구조 $(Y \cup Z, K)$가 존재할 때, 두 지식구조는 **메쉬화가능**(meshable)이라 하고, 이 때 지식구조 $(Y \cup Z, K)$를 두 지식구조의 **메쉬**(mesh)라 한다.

임의의 두 지식구조 $(Y, \mathcal{F})$, $(Z, \mathcal{G})$는 항상 메쉬화가능이라 할 수 없다. 또한, 메쉬화가능일 때, 이들 지식구조의 메쉬는 항상 유일하게 존재하는 것은 아니다.

【예제6.2】 두 지식구조

$$\mathcal{F} = \{\phi, \{a\}, \{a, b\}\}, \quad \mathcal{G} = \{\phi, \{c\}, \{c, d\}\}$$

는 다음과 같은 두 개의 메쉬 K_1, K_2를 갖는다.

$$K_1 = \{\phi, \{a\}, \{a, b\}, \{a, b, c\}, \{a, b, c, d\}\},$$
$$K_2 = \{\phi, \{a\}, \{a, b\}, \{a, c\}, \{a, b, c\}, \{a, b, c, d\}\}$$

【예제6.3】 두 지식공간

$$\mathcal{F} = \{\phi, \{a\}, \{a, b\}, \{a, b, c\}\}, \quad \mathcal{G} = \{\phi, \{c\}, \{b, c\}, \{b, c, d\}\}$$

는 메쉬를 갖지 않는다. 만일, 이들이 메쉬 $(\{a, b, c, d\}, K)$를 갖는다고 가정하자.

그러면, $\{c\} \in G$이므로 어떤 $K \in \mathsf{K}$에 대해서 $K \cap \{b, c, d\} = \{c\}$가 성립하여야 하고, 이 등식을 만족하려면 $K = \{c\}$ 또는 $K = \{a, c\}$이어야 한다. 만일 $K = \{c\}$라면 $K \cap \{a, b, c\} \in F$이므로 $\{c\} \in F$이어야 한다. 그러나 실제 그렇지 않다. $K = \{a, c\}$일 때도 불가능함을 같은 방법으로 확인할 수 있다.

【예제6.4】 두 지식공간
$$F = \{\phi, \{a\}, \{a, b\}\}, \quad G = \{\phi, \{b\}, \{b, c\}\}$$
는 다음과 같은 유일한 메쉬 K를 갖는다.
$$\mathsf{K} = \{\phi, \{a\}, \{a, b\}, \{a, b, c\}\}$$
이것을 확인하기 위하여 K를 어떤 메쉬의 지식상태라 하면 다음 성질을 만족하여야 한다.

(1) $c \in K$이라면 $b \in K$이다. ($\because$ G의 지식상태가 c를 포함하면 항상 b를 포함)
(2) $b \in K$이면 $a \in K$이다. ($\because$ F의 지식상태가 b를 포함하면 항상 a를 포함)
(3) $\{a\}$는 메쉬의 지식상태이다. ($\because$ $\{a\} \in F$)

이 세 가지의 성질을 만족하는 지식구조는 위의 K뿐이다.

두 개의 지식구조가 메쉬화가능이기 위한 조건을 구하기 위해서 다음 개념을 정의하자.

정의6.6 두 개의 지식구조 (Y, F), (Z, G)에 대해서 $F|_Z = G|_Y$를 만족할 때, 두 지식공간은 **양립가능**(compatible)이라고 한다.

두 지식구조의 양립가능성을 판별하기 위하여 다음 정리는 유용할 것이다.

제6장 함의와 메쉬

정리6.7 두 개의 지식구조 $(Y,\mathcal{F})$, $(Z,\mathcal{G})$에 대해서 다음 두 명제는 서로 동치이다.
(1) $\mathcal{F}|_Z = \mathcal{G}|_Y$
(2) $\mathcal{F}|_{Y\cap Z} = \mathcal{G}|_{Y\cap Z}$

[증명] 우선, (1)의 성립을 가정하고 (2)가 성립함을 보이자. $K \in \mathcal{F}|_{Y\cap Z}$ 라면, 어떤 $F \in \mathcal{F}$에 대해서 $K = F \cap (Y \cap Z)$로 표시되며, 그래서 $K = F \cap Z$이다. 이것은 $K \in \mathcal{F}|_Z$를 의미하며, (1)로부터 어떤 $G \in \mathcal{G}$에 대해서 $K = G \cap Y$로 표시된다. 그러므로, $K = G \cap (Y \cap Z)$이어서 $K \in \mathcal{G}|_{Y\cap Z}$이다. 따라서

$$\mathcal{F}|_{Y\cap Z} \subseteq \mathcal{G}|_{Y\cap Z}$$

가 성립한다. 한편, 반대의 포함관계는 명제가 대칭적이므로 같은 방법으로 증명된다.

(2)를 가정하고 (1)이 성립함을 보이자. $F \in \mathcal{F}$라 가정하면,

$$F \cap Z = F \cap (Y \cap Z)$$

이므로 어떤 $G \in \mathcal{G}$에 대해서

$$F \cap Z = G \cap (Y \cap Z) = G \cap Y$$

가 성립한다. 따라서, $F \cap Z \in \mathcal{G}|_Y$이다. 이것은 $\mathcal{F}|_Z \subseteq \mathcal{G}|_Y$가 성립함을 보인 것이다. 반대의 포함관계는 같은 방법으로 보여진다. □

다음 정리는 두 지식구조가 메쉬화가능이기 위한 어떤 완전한 조건을 준다.

정리6.8 두 개의 지식구조가 메쉬화가능일 필요충분조건은 양립가능이다.

[증명] 두 개의 지식구조 $(Y,\mathcal{F})$, $(Z,\mathcal{G})$가 메쉬화가능이라고 하고, $(Y \cup Z, \mathcal{K})$를 이들의 메쉬라고 놓자. $F \in \mathcal{F}$라 하면 $\mathcal{K}$의 어떤 원소 K에 대해서 $F = K \cap Y$

로 표시된다. 그러면, $F \cap Z = (K \cap Z) \cap Y$이고 $K \cap Z \in \mathcal{G}$이므로 $F|_Z \subseteq \mathcal{G}|_Y$가 성립한다. 반대의 포함관계는 같은 방법으로 증명된다. 그러므로 두 지식구조는 양립가능이다.

두 지식구조 $(Y, \mathcal{F})$, $(Z, \mathcal{G})$가 양립가능이라 가정하자. 이 때,

$$\mathcal{K} = \{K \in 2^{Y \cup Z} \mid K \cap Y \in \mathcal{F},\ K \cap Z \in \mathcal{G}\}$$

놓자. 그러면 명백히 두 집합 $\phi, Y \cup Z$는 $\mathcal{K}$에 포함된다. 그러므로, $(Y \cup Z, \mathcal{K})$는 지식구조이다. 이것이 두 지식구조의 메쉬가 됨을 보이자. $\mathcal{K}$의 정의로부터 $\mathcal{K}|_Y \subseteq \mathcal{F}$, $\mathcal{K}|_Z \subseteq \mathcal{G}$가 성립한다. 반대의 포함관계를 보이자. $F \in \mathcal{F}$라 하면, 두 지식구조의 양립가능성으로부터 어떤 $G \in \mathcal{G}$에 대해서 $F \cap Z = G \cap Y$가 성립한다. $K = F \cup G$라 놓자. 그러면

$$K \cap Y = (F \cup G) \cap Y = (F \cap Y) \cup (G \cap Y)$$
$$= (F \cap Y) \cup (F \cap Z) = F \cap (Y \cup Z)$$
$$= F$$

이므로 $K \cap Y \in \mathcal{F}$이다. 또한,

$$K \cap Z = (F \cup G) \cap Z = (F \cap Z) \cup (G \cap Z)$$
$$= (G \cap Y) \cup (G \cap Z) = G \cap (Y \cup Z)$$
$$= G$$

이므로 $K \cap Z \in \mathcal{G}$가 성립한다. 그러므로 $K \in \mathcal{K}$이고, 따라서 $\mathcal{F} \subseteq \mathcal{K}|_Y$이다. 결국, $\mathcal{F} = \mathcal{K}|_Y$를 만족한다. 같은 방법으로 $\mathcal{G} = \mathcal{K}|_Z$가 성립함을 보일 수 있다. 그러므로, 두 지식구조는 메쉬화가능이다. □

두 지식구조가 양립가능할 경우, 이들은 최대의 메쉬를 갖는다. 이것을 확인하여 보자. 양립가능한 두 지식구조 $(Y, \mathcal{F})$, $(Z, \mathcal{G})$에 대해서 이들의 메쉬의 집합

제6장 함의와 메쉬

을 $\mathbf{K} = \{K_a\}$라 하면 이들의 합집합 $\bigcup_a \mathbf{K}$도 역시 지식구조 (Y, F), (Z, G)의 메쉬이다. 그러므로 반드시 최대 메쉬가 존재한다.

정리6.9 양립가능한 두 개의 지식구조 (Y, F), (Z, G)의 최대 메쉬는

$$F * G = \{K \in 2^{Y \cup Z} \mid K \cap Y \in F, \ K \cap Z \in G\}$$

이다.

[증명] [정리 6.8]의 증명 과정에서 $(Y \cup Z, F * G)$는 지식구조 (Y, F), (Z, G)의 메쉬임을 알았다. 만일, $\mathbf{K}$가 지식구조 (Y, F), (Z, G)의 메쉬라 하면, 모든 $K \in \mathbf{K}$에 대해서

$$K \cap Y \in F, \ K \cap Z \in G$$

가 성립한다. 이것은 $F * G$의 정의로부터 포함관계 $\mathbf{K} \subseteq F * G$를 만족한다. 그러므로 $F * G$는 최대 메쉬이다.

위의 정리로 다음 정의는 타당하다.

정의6.10 양립가능한 두 개의 지식구조 (Y, F), (Z, G)에 대해서, 지식구조 $(Y \cup Z, F * G)$를 이들의 **최대 메쉬**(maximal mesh)라 한다.

다음 정리는 최대 메쉬의 발견을 용이하게 한다.

정리6.11 양립가능한 두 개의 지식구조 (Y, F), (Z, G)의 최대 메쉬 $F * G$는 다음과 같은 다른 표현을 갖는다.

(1) $F * G = \{F \cup G \mid F \in F \text{ 와 } G \in G \text{ 에 대해 } F \cap Z = G \cap Y\}$

(2) $F * G = \{F \cup G \mid F \in F \text{ 와 } G \in G \text{ 에 대해 } F \cap (Y \cap Z) = G \cap (Y \cap Z)\}$

[증명] (1)을 증명하자. $K \in \mathcal{F} * \mathcal{G}$라 하면, 어떤 $F \in \mathcal{F}$와 어떤 $G \in \mathcal{G}$에 대해서
$$K \cap Y = F, \quad K \cap Z = G$$
로 표시할 수 있다. 한편,
$$F \cup G = (K \cap Y) \cup (K \cap Z) = K \cap (Y \cup Z) = K$$
이다. 또한,
$$F \cap Z = (K \cap Y) \cap Z = (K \cap Z) \cap Y = G \cap Y$$
가 성립하므로 포함관계
$$\mathcal{F} * \mathcal{G} \subseteq \{F \cup G \mid F \in \mathcal{F} \text{ 와 } G \in \mathcal{G} \text{에 대해 } F \cap Z = G \cap Y\}$$
는 참이다. 반대의 포함관계를 보이자. $F \cap Z = G \cap Y$를 만족하는 $F \in \mathcal{F}$와 $G \in \mathcal{G}$에 대해서 $K = F \cup G$라 놓자. 그러면
$$K \cap Y = (F \cup G) \cap Y = (F \cap Y) \cup (G \cap Y)$$
$$= (F \cap Y) \cup (F \cap Z) = F \cap (Y \cup Z)$$
$$= F$$
이므로 $K \cap Y \in \mathcal{F}$가 성립한다. 같은 방법으로 $K \cap Z \in \mathcal{G}$임을 알 수 있다. 따라서, $K \in \mathcal{F} * \mathcal{G}$이다. 그러므로
$$\mathcal{F} * \mathcal{G} \supseteq \{F \cup G \mid F \in \mathcal{F} \text{ 와 } G \in \mathcal{G} \text{에 대해 } F \cap Z = G \cap Y\}$$
가 성립한다.

(2)는 (1)로부터 즉시 얻을 수 있다. 실은, 모든 $F \in \mathcal{F}$와 모든 $G \in \mathcal{G}$에 대해서
$$F \cap Z = F \cap (Y \cap Z), \quad G \cap Y = G \cap (Y \cap Z)$$
이므로 (2)의 등식은 성립한다. □

【예제6.5】 [예제 6.2]에서 다루었던 두 지식구조
$$\mathcal{F} = \{\phi, \{a\}, \{a, b\}\}, \quad \mathcal{G} = \{\phi, \{c\}, \{c, d\}\}$$
의 최대 메쉬를 찾아보자. $\{a, b\} \cap \{c, d\} = \phi$이므로 [정리 6.11]의 (2)는

$$F * G = \{F \cup G \mid F \in F, \ G \in G\}$$

임을 알려준다. 그러므로

$$F * G = \{\phi, \{a\}, \{c\}, \{a,b\}, \{a,c\}, \{c,d\}, \{a,b,c\}, \{a,c,d\}, \{a,b,c,d\}\}$$

이다.

증명의 간략화를 위해 다음과 같이 연속해서 세 개의 보조정리를 도입하자.

보조정리6.12 세 개의 집합 A, B, X에 대해서 다음 포함관계가 성립한다.
(1) $(A \cup X) \triangle (B \cup X) \subseteq A \triangle B$
(2) $(A \cap X) \triangle (B \cap X) \subseteq A \triangle B$

[증명] (1)을 증명하기 위하여 $x \in (A \cup X) \triangle (B \cup X)$라 놓자. 그러면

$$x \in (A \cup X) - (B \cup X) \ \text{또는} \ x \in (B \cup X) - (A \cup X)$$

인 두 가지 경우가 있다. 우선, $x \in (A \cup X) - (B \cup X)$일 경우를 확인하여 보자. 그러면 $x \in A \cup X$이고 $x \notin B \cup X$이다. 만일, $x \in X$이라면 $x \in B \cup X$이어서 모순이다. 따라서 $x \in A$이다. 한편, 만일 $x \in B$이라면 역시 $x \notin B \cup X$에 모순이다. 따라서 $x \notin B$이다. 결국, $x \in A - B$이다. $x \in (B \cup X) - (A \cup X)$일 경우는 같은 방법으로 $x \in B - A$임을 보일 수 있다. 따라서, (1)의 포함관계가 성립한다.

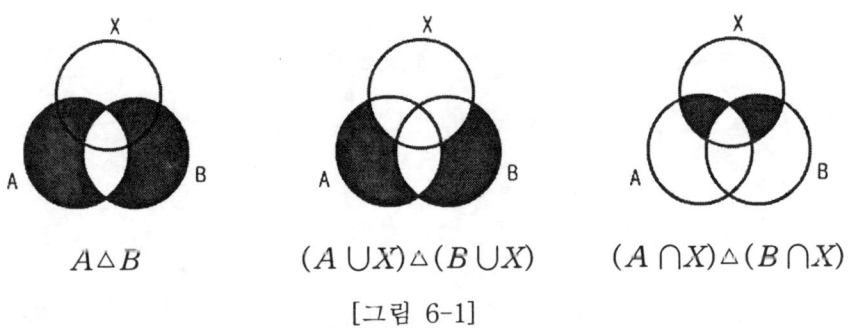

$A \triangle B$ $(A \cup X) \triangle (B \cup X)$ $(A \cap X) \triangle (B \cap X)$

[그림 6-1]

(2)의 포함관계는 다음 과정에 의해서 얻어진다.

$$(A \cap X) \triangle (B \cap X) = ((A \cap X) \cup (B \cap X)) - ((A \cap B) \cap X)$$
$$= (A \cup B) \cap X \cap (A \cap B)^c$$
$$\subseteq (A \cup B) \cap (A \cap B)^c$$
$$= A \triangle B$$

□

보조정리 6.13 지식구조 (Q, K)에 대해서 집합
$$\mathcal{F} = \{M \in 2^Q \mid x \in M,\ y \in x^* \text{ 이면 } y \in M\}$$
라 놓자. 그러면 다음이 성립한다.

(1) Q의 부분집합 A, B에 대해서 $(A \cup B)^* = A^* \cup B^*$이다.

(2) $K \subseteq \mathcal{F}$이다.

(3) 집합 $\mathcal{F}$의 원소 M, N에 대해서
$$M \cup N \in \mathcal{F},\ M \cap N \in \mathcal{F},\ M^c \in \mathcal{F}$$
이다.

(4) 집합 $\mathcal{F}$의 원소 M, N에 대해서
$$(M \cap N)^* = M^* \cap N^*,\ (M^*)^c = (M^c)^*$$
이다.

[증명] (1)의 등식은 다음 동치 명제들에 의해서 얻어진다.

$$x^* \in (A \cup B)^* \Leftrightarrow y \in x^* \text{를 만족하는 } A \cup B \text{의 원소 } y \text{가 존재}$$
$$\Leftrightarrow x^* \in A^* \text{ 또는 } x^* \in B^*$$
$$\Leftrightarrow x^* \in A^* \cup B^*$$

(2)를 증명하자. $K \in \mathrm{K}$에 대해서 $x \in K$, $y \in x^*$라 하면 x^*의 정의로부터 $y \in K$이다. 그러므로 $K \in \mathcal{F}$이다.

(3)에서 앞의 두 명제는 다음의 과정에 의해서 증명된다.

$$x \in M \cup N,\ y \in x^* \Rightarrow (x \in M,\ y \in x^*) \text{ 또는 } (x \in N,\ y \in x^*)$$
$$\Rightarrow y \in M \text{ 또는 } y \in N$$
$$\Rightarrow y \in M \cup N$$
$$x \in M \cap N,\ y \in x^* \Rightarrow (x \in M,\ y \in x^*) \text{ 그리고 } (x \in N,\ y \in x^*)$$
$$\Rightarrow y \in M \text{ 그리고 } y \in N$$
$$\Rightarrow y \in M \cap N$$

$M^c \in \mathcal{F}$ 임을 보이자. $x \in M^c$, $y \in x^*$ 일 때, $y \notin M^c$ 라 가정하자. 그러면 $y \in M$ 이다. 그러므로 $x \in y^*$ 이고 $M \in \mathcal{F}$ 이기 때문에 $x \in M$ 이다. 이것은 모순이다. 따라서 $M^c \in \mathcal{F}$ 이 성립한다.

(4)를 증명하자. 첫 번째 등식은 다음 동치 명제들에 의해서 성립한다.

$$x^* \in (M \cap N)^* \Leftrightarrow y \in x^* \text{ 를 만족하는 } M \cap N \text{의 원소 } y \text{가 존재}$$
$$\Leftrightarrow x^* \in M^* \text{ 그리고 } x^* \in N^* \qquad (\because M \in \mathcal{F},\ N \in \mathcal{F})$$
$$\Leftrightarrow x^* \in M^* \cap N^*$$

두 번째 등식을 증명하자.

$$x^* \in (M^*)^c \Leftrightarrow x^* \notin M^*$$
$$\Leftrightarrow \text{모든 } y \in x^* \text{에 대해서 } y \notin M$$
$$\Leftrightarrow \text{모든 } y \in x^* \text{에 대해서 } y \in M^c$$
$$\Rightarrow x^* \in (M^c)^*$$

에 의해서 $(M^*)^c \subseteq (M^c)^*$ 이 성립한다. 반대의 포함관계가 성립하는 것을 보이기 위하여 위 과정에서 마지막 단계의 역이 성립하는 것을 보이면 된다. 즉,

"$x^* \in (M^c)^* \Rightarrow$ 모든 $y \in x^*$ 에 대해서 $y \in M^c$"

가 성립함을 증명하면 된다. $x^* \in (M^c)^*$ 이면, 어떤 $z \in x^*$ 에 대해서 $z \in M^c$ 이다. 그러므로 모든 $y \in x^*$ 에 대해서 $y \in z^*$ 이다. 한편, 위의 (3)에 의해서 $M^c \in \mathcal{F}$ 이므로 $y \in M^c$ 가 성립한다. □

보조정리6.14 지식구조 (Q, K)에 대해서 $Y \subseteq Q$라 하고, (Y, F)를 지식구조 (Q, K)의 부분구조라 하자. 더불어, Y의 임의의 부분집합 A에 대해서 다음의 집합을 정의하자.

A_F^* : 지식구조 (Y, F)에서의 A^*

A_K^* : 지식구조 (Q, K)에서의 A^*

이 때, 등식 $\#(A_F^*) = \#(A_K^*)$가 성립한다.

[증명] $A = \phi$라면 양변이 0이므로 성립한다. $A \neq \phi$일 때, 다음과 같은 함수 f를 정의하자.

$$f: A_K^* \to A_F^* \quad f(a_K^*) = a_F^*$$

단, 여기서 a_K^*는 지식구조 (Q, K)에서 a의 개념이고 a_F^*는 지식구조 (Y, F)에서 a의 개념이다. 함수 f는 잘 정의된다. 실은, A의 두 원소 a, b에 대해서 $a_K^* = b_K^*$이라 하면 K에 속하는 지식상태 K가 a를 포함하면 b를 포함하고, 그리고 역도 성립한다. 지식구조 (Y, F)가 (Q, K)의 부분구조이므로 같은 개념으로 유지된다. 즉, $a_F^* = b_F^*$이다. 그러므로 함수 f가 전단사임을 보이면 된다.

$a_F^* = b_F^*$라 가정하자. 그러면 F에 속하는 지식상태 L이 a를 포함하면 b를 포함하고, 이것의 역도 성립한다. 만일 $a_K^* \neq b_K^*$라면 a 또는 b 중에서 어느 하나만 포함하고 K에 속하는 지식상태 K가 존재하며, $K \cap Y$도 a 또는 b 중에서 어느 하나만 포함한다. 이것은 가정 $a_F^* = b_F^*$에 모순이다. 그러므로 $a_K^* = b_K^*$이어야 하며, 따라서 함수 f는 단사이다.

한편, 함수 f의 정의로부터 명백히 전사이다. 그러므로 등식

$$\#(A_F^*) = \#(A_K^*)$$

가 성립한다. □

두 개의 지식구조 (Y, F), (Z, G)와 이들의 최대 메쉬 $(Y \cup Z, F * G)$에 대하여

보존되는 성질을 살펴보자.

> **정리6.15** 양립가능한 두 개의 지식구조 $(Y, \mathcal{F})$, $(Z, \mathcal{G})$와 이들의 최대 메쉬 $(Y \cup Z, \mathcal{F} * \mathcal{G})$에 대해서 다음이 성립한다.
>
> (1) 두 지식구조 $(Y, \mathcal{F})$, $(Z, \mathcal{G})$가 모두 지식공간이면, 지식구조 $(Y \cup Z, \mathcal{F} * \mathcal{G})$는 지식공간이다. 또한, 이 명제의 역도 성립한다.
>
> (2) 지식구조 $(Y \cup Z, \mathcal{F} * \mathcal{G})$가 구별적이면, 두 개의 지식구조 $(Y, \mathcal{F})$, $(Z, \mathcal{G})$도 구별적이다.
>
> (3) 지식구조 $(Y \cup Z, \mathcal{F} * \mathcal{G})$가 단계적이면, 두 개의 지식구조 $(Y, \mathcal{F})$, $(Z, \mathcal{G})$도 단계적이다. 단, 모든 지식구조가 근본적 유한이라고 가정한다

[증명] 우선, 지식구조 $(Y, \mathcal{F})$, $(Z, \mathcal{G})$는 모두 지식구조 $(Y \cup Z, \mathcal{F} * \mathcal{G})$의 부분구조라는 사실은 상기하자. 그러므로 [정리 2.10]에 의해서 (1)의 역과 (2)가 성립한다.

(1)을 증명하자. $\mathcal{F} * \mathcal{G}$의 부분집합 $\{K_\alpha\}$에 대해서 $\bigcup_\alpha K_\alpha$가 $\mathcal{F} * \mathcal{G}$에 속함을 보이면 된다. [정리 6.11]에 의해서 모든 α에 대해

$$K_\alpha = F_\alpha \cup G_\alpha, \quad F_\alpha \cap Z = G_\alpha \cap Y, \quad F_\alpha \in \mathcal{F}, \; G_\alpha \in \mathcal{G}$$

로 표시된다. 또한,

$$\bigcup_\alpha K_\alpha = (\bigcup_\alpha F_\alpha) \cup (\bigcup_\alpha G_\alpha), \quad (\bigcup_\alpha F_\alpha) \cap Z = (\bigcup_\alpha G_\alpha) \cap Y$$

가 성립한다. 한편, 지식공간을 가정하였으므로 $(\bigcup_\alpha F_\alpha) \in \mathcal{F}$, $(\bigcup_\alpha G_\alpha) \in \mathcal{G}$이다. 따라서, (1)이 성립한다.

(3)이 성립함을 보이기 위해서 각각의 지식구조가 [정리 4.12]의 (3)을 만족하는 것을 보이면 된다. 지식구조 $(Y, \mathcal{F})$의 두 지식상태 E, F를 생각하자. 그러면

$$E = K \cap Y, \quad F = L \cap Y$$

를 만족하는 $\mathcal{F} * \mathcal{G}$의 원소 K, L가 존재한다. 따라서 지식구조 $(Y \cup Z, \mathcal{F} * \mathcal{G})$는

단계적이므로 [정리 4.12]의 (3)에 의하여 K와 L을 연결하는 경로 $\{K_j\}_{j=0}^{h}$가 존재하여, $j=0,1,2,\cdots,h-1$에 대해서
$$K_j \cap L \subseteq K_{j+1} \subseteq K_j \cup L$$
를 만족한다. 모든 j에 대해, $E_j = K_j \cap Y$라고 놓자. 그러면 $K=K_0$, $L=K_h$이 므로 $E=E_0$, $F=E_h$이다. 한편, $j=0,1,2,\cdots,h-1$에 대해서
$$(K_j \cap Y) \cap (L \cap Y) \subseteq K_{j+1} \cap Y \subseteq (K_j \cap Y) \cup (L \cap Y)$$
가 성립한다. 그러므로 포함관계
$$E_j \cap F \subseteq E_{j+1} \subseteq E_j \cup F, \quad j=0,1,2,\cdots,h-1 \tag{B}$$
를 얻는다.

혼돈을 피하기 위해서 e를 지식구조 (Y,F)에서 진거리 함수, e'를 지식구조 $(Y \cup Z, F*G)$에서의 진거리 함수로 놓자. 그리고 개념에 대한 동치류의 기호를 구별하자. 지식구조 (Y,F)에서는 $*$로, 지식구조 $(Y \cup Z, F*G)$에 대한 경우는 ∘로 표시하자. [보조정리 6-12], [보조정리 6-13], [보조정리 6-14] 를 사용하면, $j=0,1,2,\cdots,h-1$에 대해서

$$e(E_j, E_{j+1}) = \#(E_j^* \triangle E_{j+1}^*) = \#((E_j \triangle E_{j+1})^*) = \#((E_j \triangle E_{j+1})^\circ)$$
$$\leq \#((K_j \triangle K_{j+1})^\circ) = \#(K_j^\circ \triangle K_{j+1}^\circ)$$
$$= e'(K_j, K_{j+1})$$

이다. 따라서, $e(E_j, E_{j+1})=0$ 또는 1이다. 열 $\{E_j\}_{j=0}^{h}$에서 서로 이웃하는 지식상태의 진거리가 0 즉, $e(E_j, E_{j+1})=0$이면 E_{j+1}를 제외하는 방식으로 재구성하여도 (B)형태의 포함관계를 만족하고, 이러한 과정을 계속해서 E와 F를 연결하는 유계인 경로를 구성할 수 있다.

지식구조 (Z,G)에 대해서도 같은 방법을 적용하여 증명할 수 있다. □

【예제6.6】 위 정리에 대해서 (2)의 역은 일반적으로 성립하지 않는다. 다음과 같은 두 개의 구별적 지식구조를 생각하자.

제6장 함의와 메쉬

$$F = \{\phi, \{a\}, \{b\}, \{a,b,c\}\}$$
$$G = \{\phi, \{a\}, \{b\}, \{a,b,d\}\}$$

그러면 이들은 양립가능이고 최대 메쉬는

$$F*G = \{\phi, \{a\}, \{b\}, \{a,b,c,d\}\}$$

이며, 이 지식구조는 구별적이 아니다.

【예제6.7】 [정리 6.15]에서 (3)의 역은 일반적으로 성립하지 않는다. 두 개의 단계적 지식공간

$$F = \{\phi, \{a\}, \{b\}, \{a,b\}\{a,c\}, \{b,c\}, \{a,b,c\}\}$$
$$G = \{\phi, \{c\}, \{d\}, \{b,c\}, \{b,d\}, \{c,d\}, \{b,c,d\}\}$$

은 양립가능이다. 그리고 이들의 최대 메쉬는

$$F*G = \{\ \phi, \{a\}, \{d\}, \{a,c\}, \{a,d\}, \{b,c\}, \{b,d\},$$
$$\{a,b,c\}, \{b,c,d\}, \{a,b,d\}, \{a,c,d\}, \{a,b,c,d\}, \}$$

이다. 그러나 이 지식공간은 단계적이 아니다. 실은, $\{b,c\}$를 포함하는 학습경로에 대해서 이 경로의 지식상태를 포함관계의 의미에서 올림차순으로 정렬했을 때, $\{b,c\}$의 직전자로 $\{b\}$ 또는 $\{c\}$를 갖지 않는다. 그러므로 [정리 4.14]에 의해서 단계적이 아니다.

양립가능이고 단계적인 두 지식구조에 대해서 이들의 최대 메쉬가 단계적일 조건을 찾아보자. 우선 다음과 같은 정의를 도입한다.

정의6.16 양립가능한 두 개의 지식구조 (Y, F), (Z, G)와 이들의 어떤 메쉬 $(Y \cup Z, K)$에 대해서

$$\{F \cup G | F \in F, G \in G\} \subseteq K$$

가 성립하면, 메쉬 $(Y \cup Z, K)$는 **포괄적**(inclusive)이라 한다.

양립가능한 두 지식구조 $(Y,\mathcal{F})$, $(Z,\mathcal{G})$의 메쉬 $\mathcal{K}$가 포괄적이라 하자. 그러면 포함관계

$$\{F\cup G\mid F\in\mathcal{F},\ G\in\mathcal{G}\}\subseteq \mathcal{K}$$

를 만족한다. 한편, [정리 6.11]에 의하면

$$\mathcal{F}*\mathcal{G}\subseteq\{F\cup G\mid F\in\mathcal{F},\ G\in\mathcal{G}\}$$

가 성립한다. 따라서 $\mathcal{F}*\mathcal{G}=\mathcal{K}$이다. 이 등식으로부터 다음과 같은 사실을 얻는다.

(1) 메쉬 $\mathcal{K}$가 포괄적이면 $\mathcal{K}=\{F\cup G\mid F\in\mathcal{F},\ G\in\mathcal{G}\}$로 표현된다.

(2) 포괄적 메쉬는 최대 메쉬이다.

(3) 포괄적 메쉬가 존재하면, 유일하다.

정리6.17 두 개의 지식구조 $(Y,\mathcal{F})$, $(Z,\mathcal{G})$에 대하여

(1) $\mathcal{F}$와 $\mathcal{G}$가 포괄적 메쉬를 갖는다.

(2) $\mathcal{F}*\mathcal{G}$는 포괄적이다.

(3) 모든 $F\in\mathcal{F}$에 대해서 $F\cap Z\in\mathcal{G}$이고 모든 $G\in\mathcal{G}$에 대해서 $G\cap Y\in\mathcal{F}$이다.

이 때, (1)과 (2)는 동치이다. 그리고 (2)가 성립하면 (3)이 성립한다. 만일 두 지식구조 $(Y,\mathcal{F})$, $(Z,\mathcal{G})$가 지식공간이고 (3)이 성립하면 (2)가 성립한다.

[증명] 포괄적 메쉬 $\mathcal{K}$가 존재하면 $\mathcal{F}*\mathcal{G}=\mathcal{K}$가 성립한다. 그러므로 (1)과 (2)는 동치이다.

(2)가 성립하면 (3)이 성립함을 보이자. $\mathcal{F}*\mathcal{G}$는 포괄적이므로

$$\mathcal{F}*\mathcal{G}=\{F\cup G\mid F\in\mathcal{F},\ G\in\mathcal{G}\}$$

가 성립한다. $F\in\mathcal{F}$에 대해서 $F=F\cup\phi$로 표현할 수 있으므로 $F\in\mathcal{F}*\mathcal{G}$이다. 따라서 $F\cap Z\in\mathcal{G}$이다. (3)의 나머지 부분도 같은 방법으로 증명된다.

지식구조 (Y,F), (Z,G)가 지식공간이고 (3)이 성립한다고 가정하자. 그러면 [정리 6.15]의 (1)에 의해서 최대 메쉬 $F*G$도 지식공간이다. $F \in F$에 대해서 (3)을 적용하면 $F \cap Z \in G$이고 명백히 $F \cap Y \in F$이다. 그러므로 [정의 6.10]에 의해서 $F \in F*G$이다. 같은 방법으로 $G \in G$에 대해서 $G \in F*G$이다. 따라서, $F*G$가 지식공간이므로 $F \cup G \in F*G$이다. 결국, $F*G$가 포괄적임을 보였다. □

【예제6.8】 [예제 6.5]에서 구성한 최대 메쉬 $F*G$는 포괄적이다. 실제로 양립가능한 두 개의 지식구조 (Y,F), (Z,G)에 대해서 $Y \cap Z = \phi$이면 [정리 6.11]의 (2)에 의해서 최대 메쉬 $F*G$는 항상 포괄적이다.

【예제6.9】 [정리 6.17]에서 양립하는 두 지식구조에 대해서는 (3)의 가정 아래 (2)가 반드시 성립하는 것은 아니다. 예를 들어 보자. 우선, 볼록집합을 정의하자. 평면의 부분집합 H에 속하는 임의의 두 점 A, B에 대해서 이들 두 점을 잇는 선분이 집합 H에 포함될 경우, 집합 H를 볼록집합이라 한다. 그러므로 직사각형과 그것의 내부, 원의 내부, 선분 등은 모두 볼록집합이다. 편의상, 공집합도 볼록집합이라 놓자. 볼록집합의 합집합은 일반적으로 볼록집합이라 할 수 없다. 그러나 볼록집합의 교집합은 볼록집합이다. 볼록집합에 대한 이러한 성질을 이용할 것이다.

공간좌표계에서 xy평면을 Y, yz평면을 Z라 놓고, 다음 두 개의 지식구조를 정의하자.

$$F = \{H \subseteq Y | H: 볼록집합\}, \quad G = \{H \subseteq Z | H: 볼록집합\}$$

그러면 이들 지식구조는 [정리 6.17]의 (3)을 만족한다.

[그림 6-2]의 왼쪽 그림과 같이 내부와 경계를 포함하는 직사각형 F, G를 택하자. 그러면 $F \in F$, $G \in G$이다. 만일, $F \cup G \in F*G$라면 $(F \cup G) \cap Z$는 G에

속해야 한다. 그러나 [그림 6-2]의 오른쪽 그림과 같이 집합 $(F\cup G)\cap Z$는 직사각형과 하나의 선분으로 이루어져 있으므로 $(F\cup G)\cap Z\notin G$이다. 그러므로 $F\cup G\notin F*G$이다.

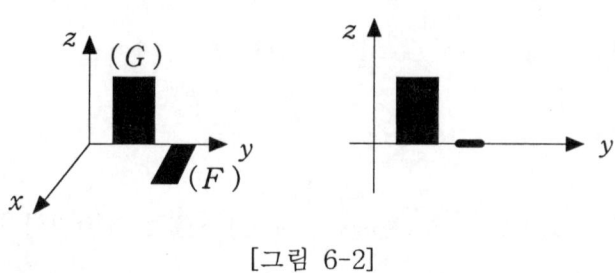

[그림 6-2]

정리6.18 양립가능한 두 개의 지식구조 (Y,F), (Z,G)에 대해서 다음이 성립한다.
(1) $F*G$가 포괄적이면 $F\cup G\subseteq F*G$이다.
(2) 지식구조 (Y,F), (Z,G)가 모두 지식공간이면 (1)의 역이 성립한다.

[증명] (1)을 증명하자. $K\in F\cup G$이면 $K\in F$ 또는 $K\in G$이다. 따라서 $K=K\cup\phi$로 표현되므로 $K\in F*G$이다.
(2)는 $F*G$가 지식공간이므로 성립한다. □

다음 정리는 최대 메쉬가 단계적이기 위한 충분조건을 제공한다.

정리6.19 근본적 유한이고 양립가능한 두 개의 지식구조 (Y,F), (Z,G)가 단계적일 때, $F*G$가 포괄적이면 단계적이다.

[증명] 최대 메쉬 $F*G$에 속하는 원소 K, L을 택하자. 이들에 대해 [정리 4.12]의 (3)의 조건을 만족하는 열 $\{K_j\}_{j=0}^{h}$가 존재함을 보이면 된다. 우리는 이 열을 직접 구성하자.

지식구조 (Y,F)가 단계적이므로 [정리 4.12]의 (3)에 의하여 $K\cap Y$와 $L\cap Y$를 연결하는 어떤 열 $\{Y_i\}_{i=0}^{m}$가 존재하여

$$Y_i\cap L \subseteq Y_{i+1} \subseteq Y_i\cup L, \quad i=0,1,2,\cdots,m-1$$

를 만족한다. 역시, 지식구조 (Z,G)에 대해서 같은 이유로 $K\cap Z$와 $L\cap Z$를 연결하는 어떤 열 $\{Z_i\}_{j=0}^{n}$가 존재하여

$$Z_j\cap L \subseteq Z_{j+1} \subseteq Z_j\cup L, \quad j=0,1,2,\cdots,n-1$$

를 만족한다. 이러한 열에 대해서 다음의 관계가 성립함을 주의하자.

$$Y_0=K\cap Y, \ Y_m=L\cap Y, \ Z_0=K\cap Z, \ Z_n=L\cap Z$$

두 개의 열 $\{Y_i\}_{i=0}^{m}$, $\{Z_i\}_{j=0}^{n}$로부터 다음과 같은 방법으로 지식구조 $(Y\cup Z, F*G)$에서의 열 $\{X_k\}_{k=0}^{m+n}$를 구성하자.

$$X_0=Y_0\cup(K\cap Z), \ X_1=Y_1\cup(K\cap Z), \cdots, X_m=Y_m\cup(K\cap Z)$$

$$X_{m+1}=(L\cap Y)\cup Z_1, \ X_{m+2}=(L\cap Y)\cup Z_2, \cdots, X_{m+n}=(L\cap Y)\cup Z_n$$

특히,

$$X_m=Y_m\cup(K\cap Z)=(L\cap Y)\cup Z_0$$

로 표현됨을 주의하자. 그러므로 두 가지 방식으로 나누어 X_k를 정의하였지만 연결 부분에는 어떤 공통점이 있음을 알 수 있다. 또한, $F*G$가 포괄적이기 때문에 모든 X_k는 $F*G$에 포함된다.

열 $\{X_k\}_{k=0}^{m+n}$의 포함관계를 조사하자. 우선, $k=0,1,2,\cdots,m-1$에 대해서

$$\begin{aligned}X_k\cap L &= (Y_k\cup(K\cap Z))\cap L \\ &\subseteq (Y_k\cap L)\cup(K\cap Z) \\ &\subseteq Y_{k+1}\cup(K\cap Z) \\ &= X_{k+1}\end{aligned}$$

과

$$X_{k+1} = Y_{k+1} \cup (K \cap Z)$$
$$\subseteq Y_k \cup L \cup (K \cap Z)$$
$$= X_k \cup L$$

를 얻는다. 또한, $k = m, m+1, \cdots, m+n-1$에 대해서 포함관계

$$X_k \cap L \subseteq X_{k+1} \subseteq X_k \cup L$$

가 성립함을 보이자. 이 경우, $X_k = (L \cap Y) \cup Z_{k-m}$이다. 이것을 적용하면

$$X_k \cap L = ((L \cap Y) \cup Z_{k-m}) \cap L$$
$$= (L \cap Y) \cup (Z_{k-m} \cap L)$$
$$\subseteq (L \cap Y) \cup Z_{k+1-m}$$
$$= X_{k+1}$$

과

$$X_{k+1} = (L \cap Y) \cup Z_{k+1-m}$$
$$\subseteq (L \cap Y) \cup (Z_{k-m} \cup L)$$
$$= ((L \cap Y) \cup Z_{k-m}) \cup L$$
$$= X_k \cup L$$

를 얻는다. 그러므로 $k = 0, 1, 2, \cdots, m+n-1$에 대해서

$$X_k \cap L \subseteq X_{k+1} \subseteq X_k \cup L$$

가 성립한다.

개념에 대한 동치류의 표시 기호를 구별하자. 지식구조 $(Y \cup Z, F*G)$에서는 $*$를, 지식구조 (Y, F)에서는 $\circ$를, 지식구조 (Z, G)에서는 $\bullet$를 사용하자. 그러면, [보조정리 6.12~6.14]를 이용하면, $k = 0, 1, 2, \cdots, m-1$에 대해서

$$e(X_k, X_{k+1}) = \#(X_k^* \triangle X_{k+1}^*) = \#((X_k \triangle X_{k+1})^*)$$
$$\leq \#((Y_k \triangle Y_{k+1})^*) = \#((Y_k \triangle Y_{k+1})^{\cdot})$$
$$= \#(Y_k^{\cdot} \triangle Y_{k+1}^{\cdot}) = e(Y_k, Y_{k+1})$$

를 얻는다. 같은 방법으로, $k=m, m+1, \cdots, m+n-1$에 대하여

$$e(X_k, X_{k+1}) = \#(X_k^* \triangle X_{k+1}^*) = \#((X_k \triangle X_{k+1})^*)$$
$$\leq \#((Z_{k-m} \triangle Z_{k+1-m})^*) = \#((Z_{k-m} \triangle Z_{k+1-m})^{\cdot})$$
$$= \#(Z_{k-m}^{\cdot} \triangle Z_{k+1-m}^{\cdot}) = e(Z_{k-m}, Z_{k+1-m})$$

가 성립한다. 따라서, $e(X_k, X_{k+1}) = 0$ 또는 1이다. 열 $\{X_k\}_{k=0}^{m+n}$에서 서로 이웃하는 지식상태의 진거리가 0 즉, $e(X_k, X_{k+1}) = 0$이면 X_{k+1}를 제외함으로써 목표하는 열 $\{K_j\}_{j=0}^{h}$를 구성할 수 있다. □

양립가능한 두 개의 지식구조 $(Y, \mathcal{F})$, $(Z, \mathcal{G})$에 대하여 새로운 지식구조 $\mathcal{F} * \mathcal{G}$가 유일하게 대응된다. 이러한 관점에서 $*$는 하나의 연산자로 취급할 수 있다. 그러면 $*$연산자에 대해서 결합법칙은 성립할까? 다음 정리는 이 질문에 대한 긍정적 답을 준다.

정리6.20 지식구조의 네 쌍

$$(\mathcal{F}, \mathcal{G}), \ (\mathcal{F} * \mathcal{G}, \mathcal{K}), \ (\mathcal{G}, \mathcal{K}), \ (\mathcal{F}, \mathcal{G} * \mathcal{K})$$

가 모두 양립가능이라 하자. 그러면

$$(\mathcal{F} * \mathcal{G}) * \mathcal{K} = \mathcal{F} * (\mathcal{G} * \mathcal{K})$$

가 성립한다.

[증명] 지식구조 $\mathcal{K}, \mathcal{F}, \mathcal{G}$가 대상으로 하는 집합을 각각 X, Y, Z라 하자. 그러면, $X \cup Y \cup Z$의 임의의 부분집합 K에 대해서 다음의 동치관계가 성립한다.

$$K \in (\mathcal{F} * \mathcal{G}) * \mathrm{K}$$

$$\Leftrightarrow K \cap (Y \cup Z) \in \mathcal{F} * \mathcal{G},\ K \cap X \in \mathrm{K}$$

$$\Leftrightarrow K \cap (Y \cup Z) \cap Y \in \mathcal{F},\ K \cap (Y \cup Z) \cap Z \in \mathcal{G},\ K \cap X \in \mathrm{K}$$

$$\Leftrightarrow K \cap Y \in \mathcal{F},\ K \cap Z \in \mathcal{G},\ K \cap X \in \mathrm{K}$$

그러므로 지식구조 $(\mathcal{F} * \mathcal{G}) * \mathrm{K}$는 다음과 같이 표현할 수 있다.

$$(\mathcal{F} * \mathcal{G}) * \mathrm{K} = \{K \in 2^{X \cup Y \cup Z} \mid K \cap Y \in \mathcal{F},\ K \cap Z \in \mathcal{G},\ K \cap X \in \mathrm{K}\}$$

유사한 방법으로 지식구조 $\mathcal{F} * (\mathcal{G} * \mathrm{K})$도 같은 집합으로 표시됨을 보일 수 있다.

□

찾아보기

1-연결　69
1-연결 경로　67
가산　10
개념　20
개집합　13
경계　72
곱집합　3
공변역　4
공집합　3
관계　6
교집합　2
구별적　20
구별적 축약　21
근본적 가산　21
근본적 유한　21
기저　31
내부 경계　72
단계적　67
단사　4
단순　25
대칭적　6
동치 관계　6
동치류　8
메쉬　127
메쉬화가능　127
멱집합　3
반대칭적　6
반사적　6
배경　103
벡터공간　15
볼록집합　141
부분공간(벡터공간)　15
부분공간(지식공간)　30
부분구조　30
부분순서집합　6

부분집합　2
분할　8
상　4
생성　30
세분적　37
속성함수　103
수학적 귀납법　11
순서 관계　6
순서공간　44
시점　113
양립가능　128
역상　4
역함수　5
연결선　113
연쇄　8
외부 경계　72
원　1
원소　1
원자　33
유계　67
유사유한　37
유한학습가능　98
이중순서　87
일대일 대응　4
전단사　4
진사　4
점진적 경로　66
정교한 경로　69
정의구역　4
정의역　4
조항　103
종점　113
준순서 관계　6
준순서공간　44
지식공간　23

지식구조   18
지식상태   18
진거리   65
진부분집합   2
집합   1
차집합   3
최대 메쉬   131
추론계   103
추론관계   41
추론함수   103
추이적   6
치역   4
폐공간   25
포괄적   139
하우스도르프 최대정리   9
학습 단계수   98
학습경로   62
함수   4
함의   120
합성함수   5
합집합   2
핫세 다이어그램   9
항등함수   5
AND-정점   113
AND-OR 그래프   112
OR-정점   113

집 필 진 (가나다순)

김승동 김응환 김태균 노영순
박달원 변두원 이덕호

이 책은 한국학술진흥재단의 중점연구소지원사업 연구비에 의하여 발간되었습니다.

지식공간론 입문

인쇄 • 2002년 9월 14일
발행 • 2002년 9월 16일

저자 • 공주대학교 과학교육연구소
발행자 • 박 상 규
발행처 • 도서출판 보 성
대전광역시 동구 삼성2동 318-31
전화 • (042) 673-1511 / 635-1511
등록번호 • 61호
ISBN 89-89891-19-1 93180

값 10,000원